Theresa Gather

Übertragungswege und Infektionsverlauf des nicht-primaten Hepacivirus, des equinen Pegivirus 1 und des Theiler's Disease Associated Virus beim Pferd

Cuvillier Verlag Göttingen
Internationaler wissenschaftlicher Fachverlag

Bibliografische Information der Deutschen Nationalbibliothek
Die Deutsche Nationalbibliothek verzeichnet diese Publikation in der Deutschen Nationalbibliografie; detaillierte bibliografische Daten sind im Internet über http://dnb.d-nb.de abrufbar.

1. Aufl. - Göttingen : Cuvillier, 2016
Zugl.: Hannover (TiHo), Univ., Diss., 2016

Umschlagsbilder:

Abbildung des Virus: mit freundlicher Genehmigung von Prof. Dr. Thomas Pietschmann, Leiter der Abteilung Experimentelle Virologie des TWINCORE, Zentrum für Experimentelle Virologie und Klinische Infektionsforschung.

Abbildung Pferde: mit freundlicher Genehmigung der Stiftung Gestüt Fährhof.

Nonnenstieg 8, 37075 Göttingen
Telefon: 0551-54724-0
Telefax: 0551-54724-21
www.cuvillier.de

1. Auflage, 2016
Gedruckt auf umweltfreundlichem, säurefreiem Papier aus nachhaltiger Forstwirtschaft.

ISBN 978-3-7369-9405-8
eISBN 978-3-7369-8405-9

Tierärztliche Hochschule Hannover

Übertragungswege und Infektionsverlauf des nicht-primaten Hepacivirus, des equinen Pegivirus 1 und des Theiler's Disease Associated Virus beim Pferd

INAUGURAL – DISSERTATION
Zur Erlangung des Grades einer
Doktorin der Veterinärmedizin
- Doctor medicinae veterinariae -
(Dr. med. vet.)

vorgelegt von
Theresa Gather
Aachen

Hannover 2016

Wissenschaftliche Betreuung:

1. Prof. Dr. Karsten Feige
   Klinik für Pferde, Stiftung Tierärztliche Hochschule Hannover
2. Priv.-Doz. Dr. Jessika-M. V. Cavalleri
   Klinik für Pferde, Stiftung Tierärztliche Hochschule Hannover

1. Gutachter: Prof. Dr. Karsten Feige
2. Gutachter: Prof. Dr. Paul Becher

Tag der mündlichen Prüfung: 17.11.2016

Meiner Familie

Teile der vorliegenden Dissertation wurden bereits veröffentlicht:

peer reviewed Publikationen:

T. Gather, S. Walter, D. Todt, S. Pfaender, R. J.P. Brown, A. Postel, P. Becher, A. Moritz, F. Hansmann, W. Baumgaertner, K. Feige, E. Steinmann, J.-M.V. Cavalleri

Vertical transmission of hepatitis C virus-like nonprimate hepacivirus in horses.

Journal of General Virology, October 2016 97: 2540-2551, doi: 10.1099/jgv.0.000561

T. Gather, S. Walter, S. Pfaender, D. Todt, K. Feige, E. Steinmann, J.-M.V. Cavalleri

Acute and chronic infections with nonprimate hepacivirus in young horses.

Veterinary Research, Online-Publikation 22. September 2016; 47: 97.
doi: 10.1186/s13567-016-0381-6

Abstract:

T. Gather, S. Walter, S. Pfaender, K. Feige, E. Steinmann, J.-M.V. Cavalleri:

Vertical transmission of nonprimate hepacivirus in horses.

Vortrag auf dem 8th Congress of European College of Equine Internal Medicine (ECEIM) 2015, 05. – 07.11.2015 Utrecht, Niederlande

Inhaltsverzeichnis

Abkürzungsverzeichnis

Abb.	Abbildung
abs	*antibodies*
Ag	Antigen
Ak	Antikörper
AST	Aspartat-Aminotransferase
b	*body*
bc	*body close to the cervix*
BVDV	bovines Virusdiarrhoe-Virus
bzw.	beziehungsweise
ca.	circa
cDNA	komplementäre Desoxyribonukleinsäure
CHV	canines Hepacivirus
C_t	*cycle threshold*
DNA	Desoxyribonukleinsäure
dNTP	Desoxyribonukleosidtriphosphat
E1E2	*envelope glycoproteins 1 and 2*
EDTA	Ethylendiamintetraessigsäure
EHCV	equines Hepacivirus
EHV	equines Herpesvirus
EIA	equine infektiöse Anämie
engl.	englisch
EPgV 1	equines Pegivirus 1
EVA	equine virale Arteritis
exkl.	exklusive
GBV-A	GB-Virus-A
GBV-B	GB-Virus-B
GLDH	Glutamat-Dehydrogenase
HCV	Hepatitis-C-Virus
HE	Hämatoxylin-Eosin

HIV	Humanes Immundefizienz Virus
IgA	Immunglobulin A
IgE	Immunglobulin E
IgG	Immunglobulin G
LAVES	Niedersächsisches Landesamt für Verbraucherschutz und Lebensmittelsicherheit
LIPS	Luziferase-Immunpräzipitations-System
LU	*light unit*
MEGA	*Molecular Evolutionary Genetics Analysis*
min	Minute
MTCT	*mother-to-child transmission*
n.g.	nicht getestet
nph	*non-pregnant horn*
NASPGHAN	*North American Society for Pediatric Gastroenterology, Hepatology and Nutrition*
NPHV	nicht-primates Hepacivirus/*nonprimate hepacivirus*
NS 3	Nicht-Strukturprotein 3
ORF	*open reading frame* (offenes Leseraster)
ph	*pregnant horn*
PBMC	mononukleäre Zellen des peripheren Blutes/ *Peripheral Blood Mononuclear Cell*
PCR	Polymerase-Kettenreaktion
RLU	*relative light unit*
RNA	Ribonukleinsäure
qRT-PCR	quantitative real-time Polymerase-Kettenreaktion
rpm	Umdrehungen pro Minute (engl.: *rounds per minute*)
RT-PCR	Reverse Transkriptase-Polymerase-Kettenreaktion
RUC	Renilla luciferase
sek	Sekunde
T	Zeitpunkt
Tab.	Tabelle

TDAV	*Theiler's Disease Associated Virus*
UTR	*untranslated region*
γ-GT	Gamma-Glutamyltransferase
z.B.	zum Beispiel

Mengenangaben

cm	Zentimeter
mg	Milligramm
ml	Milliliter
mM	Millimolar
ng/µl	Nanogramm pro Mikroliter
pmol/µl	Pikomol pro Mikroliter
U/l	Units/Liter
µl	Mikroliter
µM	Mikromolar

Sonderzeichen:

° C	Grad Celsius
%	Prozent
#	Nummer
n=	Anzahl
× g	relative Zentrifugalkraft

1 Einleitung

Vor wenigen Jahren wurden neue, pferdespezifische Hepaciviren und Pegiviren in der Familie der *Flaviviridae* beschrieben: das nicht-primate Hepacivirus (NPHV) sowie das equine Pegivirus 1 (EPgV 1) und das *Theiler's disease associated virus* (TDAV) (Kapoor et al. 2011; Chandriani et al. 2013; Kapoor et al. 2013a). NPHV repräsentiert den phylogenetisch engsten Verwandten zum Hepatitis-C-Virus (HCV) (Burbelo et al. 2012; Pfaender et al. 2014). HCV-Infektionen nehmen beim Menschen häufig einen chronischen Verlauf, der zu Leberzirrhose und hepatozellulären Karzinomen führen kann (Hoofnagle 1997). Die klinische Bedeutung und Pathogenese von NPHV-Infektionen beim Pferd ist noch weitestgehend unklar. Jüngste Studien deuten auf einen primär subklinischen Infektionsverlauf hin (Pfaender et al. 2015; Ramsay et al. 2015). Es wurde bereits ein Lebertropismus für NPHV beschrieben und bei einigen infizierten Pferden konnte ein milder Anstieg der Leberenzyme zum Zeitpunkt der Viruseliminierung beobachtet werden (Pfaender et al. 2015). Epidemiologische Untersuchungen bestätigen eine weite Verbreitung von NPHV-Infektionen bei Pferden, die auf effiziente Übertragungswege hindeuten (Scheel et al. 2015b).

In der vorliegenden Arbeit werden verschiedene Übertragungswege untersucht mit dem Schwerpunkt auf der vertikalen Transmission von der Mutterstute auf das Fohlen. In einem Zeitraum von einem halben Jahr, beginnend kurz vor der Geburt, werden 20 Vollblutstuten und ihre Fohlen regelmäßig untersucht und beprobt. Serumproben des Geburts-Zeitpunktes und nach drei und sechs Monaten werden jeweils auf das Vorhandensein von viraler NPHV-, EPgV 1- und TDAV-RNA sowie von anti-NPHV-NS3-Antikörpern überprüft. Eine natürliche Infektion von juvenilen Pferden wurde bisher nicht beschrieben. Unterschiede im Infektionsverlauf von Fohlen im Vergleich zu adulten Pferden sind jedoch von besonderem Interesse, da sich das Immunsystem des Fohlens bzw. des Jungpferdes von dem adulter Pferde unterscheidet. Aus diesem Grund wird in einer Folgestudie der Verlauf akuter Feldinfektionen von vier Fohlen im Alter von sechs Monaten bis zum Alter von ca. einem Jahr verfolgt. Die klinische Bedeutung der Infektionen wird stets anhand der Allgemeinuntersuchungen und der Bestimmung leberspezifischer Parameter im Blut untersucht.

1.1 Lebererkrankungen beim Pferd

Lebererkrankungen kommen beim Pferd häufig vor, zeigen aber aufgrund der hohen Kompensationsfähigkeit der Leber oft einen subklinischen Verlauf (Gehlen 2010; Divers 2015). Durham et al. (2003) beschrieben, dass lediglich 50 % der Pferde, bei denen mittels Biopsie eine Lebererkrankung diagnostiziert wurde, klinische Symptome zeigten. Betroffene Pferde werden entsprechend häufig erst zu einem fortgeschrittenen Zeitpunkt der Erkrankung vorgestellt, wenn bereits über 70 % des Gewebes geschädigt ist (West 1996). Anzeichen einer Leberinsuffizienz werden deutlich, wenn über 80 % des Lebergewebes nicht mehr funktionsfähig ist (Barton 2004). Neben der Aufnahme hepatotoxischer Substanzen (Bergero u. Nery 2008) können Lebererkrankungen beim Pferd unter anderem infektiös bedingt sein (Divers 2015). Viral bedingte Lebererkrankungen werden beim Pferd allerdings selten diagnostiziert (Gehlen 2010). Bei Fohlen, die *in utero* mit dem equinen Herpesvirus 1 (EHV 1) infiziert werden, können nekrotische Leberveränderungen auftreten (Knottenbelt 2014). Des Weiteren wird sowohl bei der equinen infektiösen Anämie (EIA) als auch der equinen viralen Arteritis (EVA) ein Virusnachweis in der Leber beschrieben, obwohl die Hauptsymptome der Erkrankungen auf die Beeinträchtigung anderer Organsysteme zurückzuführen sind (Barton 2004). Auch für die *Theiler's Disease* (akute Serumhepatitis) des adulten Pferdes wird ein infektiöser Hintergrund diskutiert. Die Symptome der Leberschädigung treten bei der Serumhepatitis meist 4–10 Wochen nach Verabreichung eines Blutproduktes (z.B. Antiseren oder Vakzine) auf (Barton 2004). Es wurden jedoch auch Fälle von *Theiler's Disease* bei Pferden beschrieben, die zuvor Kontakt zu erkrankten Tieren hatten, hingegen keine Vorgeschichte einer intravenösen Injektion aufwiesen (Divers 2015). Generell bleibt die Ätiologie einer Lebererkrankung beim Pferd trotz umfassender Diagnostik häufig unklar. Aus diesem Grund ist die Beschreibung neuer, leber-spezifischer Viren beim Pferd von klinischem Interesse.

1.2 Das Hepatitis-C-Virus des Menschen

Das Hepatitis-C-Virus (HCV) wurde erstmalig 1989 als Verursacher der nicht-A-, nicht-B-Hepatitis beschrieben (Choo et al. 1989). Heute sind ca. 2,2 % der Weltbevölkerung mit dem Hepatitis-C-Virus infiziert (Global Burden Of Hepatitis C Working Group 2004), wobei es je nach Region und Bevölkerungsgruppe große Prävalenzunterschiede gibt (Averhoff et al. 2012). Die akute HCV-Infektion verläuft häufig subklinisch, vergleichbar mit einer NPHV-Infektion beim Pferd. Nur in ca. 15 % der Fälle kommt es zu der Ausprägung einer akuten Hepatitis mit klinischen Symptomen (Ozaras u. Tahan 2009). Deutlich häufiger tritt eine chronische Infektion auf. Diese wird diagnostiziert, wenn über sechs Monate virale RNA im Blut nachweisbar ist (Webster et al. 2015). Die klinischen Symptome chronischer HCV-Infektionen sind zunächst oft unspezifisch, mild und intermittierend. Neben Müdigkeit können bei fortgeschrittener Leberschädigung auch Übelkeit, Anorexie, Schmerzen im oberen Abdominalbereich, sowie dunkler Urin und Juckreiz auftreten (Hoofnagle 1997). Als Spätfolgen können Leberfibrosen, Zirrhosen und hepatozelluläre Karzinome entstehen (Hoofnagle 2002). Die Übertragung von HCV erfolgt primär über parenteralen Kontakt zu kontaminiertem Blut. Neben dem direkten Blut-Blut-Kontakt gibt es weitere potentielle Übertragungswege. So ist die vertikale Transmission die Haupt-Infektionsursache bei Kindern und findet bei ca. 5,8 % der mit HCV-infizierten Mütter statt (Benova et al. 2014). Der Mechanismus und der genaue Zeitpunkt der Mutter-Kind-Übertragung sind unklar; es wurden sowohl Infektionen *in utero* als auch *intra* und *post partum* beschrieben (Mast et al. 2005; Tovo et al. 2016). Eine HIV-Koinfektion der Mutter erhöht das Übertragungsrisiko auf 10,8 % (Benova et al. 2015). Es wird kontrovers diskutiert, ob eine hohe Viruslast der Mutter bei der Geburt, invasive Methoden fetalen Monitorings sowie ein verzögerter Fruchtblasensprung Risikofaktoren darstellen (Yeung et al. 2001; Mast et al. 2005). Das Stillen mit Muttermilch stellt keine Infektionsquelle dar, solange die Brustwarzen der Mutter unverletzt sind (European Paediatric Hepatitis C Virus Network 2001; Tovo et al. 2016).

Im Gegensatz zu der parenteralen und vertikalen Infektion scheint die transsexuelle Übertragung ineffektiv zu sein, wurde allerdings bei ungeschütztem Geschlechtsverkehr zwischen Männern beschrieben, die mit dem humanen

Immundefizienz-Virus (HIV) koinfiziert waren (Schmidt et al. 2014). Des Weiteren wurde HCV zwar in verschiedenen Körperflüssigkeiten (Speichel, Nasensekret etc.) nachgewiesen, dessen Infektiösität bleibt allerdings unklar (Ray et al. 2013).

1.3 Neu beschriebene Flaviviren

Die Familie der *Flaviviridae* umfasst die vier Gattungen Flavivirus, Pestivirus, Pegivirus und Hepacivirus. Bis zur Beschreibung von NPHV im Jahr 2011 galt das GB-Virus-B (GBV-B) neben dem HCV als einziger Vertreter der Hepaciviren. Es wurde 1995 zusammen mit dem GB-Virus-A (GBV-A) aus dem Blut von Tamarinen isoliert, die experimentell mit dem Blut eines an idiopathischer Hepatitis erkrankten Menschen infiziert wurden. Seither konnte jedoch keines der Viren erneut beim Menschen nachgewiesen werden (Deinhardt et al. 1967; Simons et al. 1995).

Die Zellkultur-basierte Forschung ermöglichte in den letzten Jahren große Fortschritte in der HCV-Therapie (Pawlotsky 2014; Tamori et al. 2016). Dennoch wird die Entwicklung eines prophylaktischen Impfstoffes durch das Fehlen eines immunkompetenten Kleintiermodelles verhindert (Bukh 2012). In der HCV-Forschung gibt es außer Schimpansen zurzeit kein immunkompetentes Tiermodell (Billerbeck et al. 2013). Da Schimpansen nicht mehr zu Forschungszwecken eingesetzt werden dürfen, werden partiell-immunkompetente Mäuse genutzt. Diese haben eine chimäre Leber mit humanen Hepatozyen und können so mit HCV infiziert werden (Bukh 2012). Aufgrund ihrer Immunsuppression sind die genmanipulierten Mäuse jedoch ungeeignet zur Erforschung eines HCV-Impfstoffes.

Auf der Suche nach geeigneten Modellen wurden nach der erstmaligen Beschreibung von NPHV unbekannte Flaviviren bei verschiedenen Säugetierarten gesucht. So wurden neue Hepaci- und Pegiviren außer bei Pferden (Burbelo et al. 2012; Chandriani et al. 2013; Kapoor et al. 2013a) auch bei Hunden (Kapoor et al. 2011; El-Attar et al. 2015), Fledermäusen (Quan et al. 2013), Nagetieren (Drexler et al. 2013; Kapoor et al. 2013b; Firth et al. 2014), Neuweltaffen (Lauck et al. 2013) und Rindern (Baechlein et al. 2015; Corman et al. 2015) gefunden.

Bis heute stellt NPHV jedoch das phylogenetisch ähnlichste Homolog zu HCV dar (Pfaender et al. 2014; Scheel et al. 2015b), dessen Infektionskinetik beim Pferd der von HCV beim Menschen ähnelt (Ramsay et al. 2015) und so ein potenzielles Tiermodell für die humanmedizinische Forschung darstellt.

1.3.1 Das nicht-primate Hepacivirus (NPHV)

Der Nachweis von NPHV im Jahr 2011 wurde durch technische Weiterentwicklungen von Sequenzierungsmethoden ermöglicht (Kapoor et al. 2011). Aufgrund des initialen Nachweises im Respirationstrakt und in der Leber von Hunden wurde das neu gefundene Virus zunächst als canines Hepacivirus (CHV) bezeichnet (Kapoor et al. 2011). In Folgestudien wurden mittels serologischer Untersuchungen spezifische Antikörper und mittels PCR virale RNA bei zahlreichen Pferden nachgewiesen. Somit konnte das Pferd als natürlicher Wirt des neuen Virus identifiziert werden und das canine (CHV) wurde in das nicht-primate (NPHV) Hepacivirus (Burbelo et al. 2012; Lyons et al. 2012) bzw. in das equine Hepacivirus (EHCV) (Ramsay et al. 2015) umbenannt.

NPHV ist ein behülltes Virus mit positiver Einzelstrang-RNA, das der Gattung *Hepacivirus* in der Familie *Flaviviridae* zugeordnet wurde (Kapoor et al. 2011). Das Genom beinhaltet ca. 9,2 Kilobasen (Ramsay et al. 2015) und besteht aus einem offenen Leseraster (ORF) sowie zwei untranslationierten Abschnitten, jeweils am 5'-Ende und am 3'-Ende (*untranslated region* = 5'UTR und 3'UTR). Das ORF kodiert für ein Polyprotein aus 2942 Aminosäuren (Kapoor et al. 2011) das nach der Translation enzymatisch in verschiedene Struktur- und Nichtstruktur-Proteine gespalten wird (Pfaender et al. 2015).

1.3.1.1 Die Prävalenz von NPHV

Equine NPHV-Infektionen wurden in Nordamerika (Burbelo et al. 2012; Scheel et al. 2015a), Europa (Lyons et al. 2012; Drexler et al. 2013; Lyons et al. 2014; Reuter et al. 2014; Pfaender et al. 2015), Japan (Tanaka et al. 2014; Matsuu et al. 2015) und Brasilien (Gemaque et al. 2014; Figueiredo et al. 2015) beschrieben.

Es konnte gezeigt werden, dass NPHV-Infektionen mit Prävalenzen von 30–40 % Antikörper-positiven und 2–7 % RNA-positiven Pferde (Burbelo et al. 2012; Scheel et al. 2015b) weit verbreitet sind. Deutliche Abweichungen lagen in einer japanischen Studie vor, in der höhere Infektionsraten von 22,6 % seropositiven und 35,5 % virämischen Pferden gefunden wurden (Tanaka et al. 2014). Ein erhöhtes Infektionsrisiko scheint außerdem bei Vollblütern und Sportpferden vorzuliegen (Gemaque et al. 2014; Pfaender et al. 2015; Scheel et al. 2015b). So fanden Pfaender et al. (2015) mittels einer Stichprobenuntersuchung norddeutscher Pferde eine signifikant höhere Prävalenz bei Vollblutpferden, mit 68 % Antikörper-positiven und 10,43 % virämischen Pferden. Seit der erstmaligen Beschreibung von NPHV konnte zwar experimentell eine Infektion durch intravenöse Applikation virushaltigen Plasmas gezeigt werden (Ramsay et al. 2015), die natürlichen Übertragungswege bleiben jedoch unklar.

1.3.1.2 Die klinische Bedeutung von NPHV-Infektionen

Die klinische Bedeutung von NPHV-Infektionen beim Pferd ist noch nicht geklärt. Zum einen konnte ein Lebertropismus für NPHV gezeigt werden, indem negativ-strängige NPHV-RNA als Indikator für Virusreplikation ausschließlich in Hepatozyten nachgewiesen wurde (Pfaender et al. 2015). Zum anderen deuten aktuelle Studien auf einen eher subklinischen Infektionsverlauf hin (Lyons et al. 2012; Pfaender et al. 2015; Ramsay et al. 2015). Mittels pathohistologischer Untersuchungen wurden im Lebergewebe einiger infizierter Pferde Anzeichen für geringgradige Hepatitiden gefunden (Pfaender et al. 2015; Ramsay et al. 2015). Zusätzlich wurde zum Zeitpunkt der Serokonversion bei einigen NPHV-positiven Pferden ein leichter Anstieg leberspezifischer Blutparameter beschrieben. Die zugrundeliegende Leberschädigung wurde in erster Linie auf die immunologische Reaktion im Rahmen der Viruselimination zurückgeführt (Pfaender et al. 2015; Ramsay et al. 2015). Obwohl einzelne Fallberichte über schwerwiegende Hepatitiden mit gleichzeitigem NPHV-RNA-Nachweis vorliegen (Reuter et al. 2014; Ramsay et al. 2015), muss ein ursächlicher Zusammenhang noch bewiesen werden.

Bisherigen Untersuchungen zufolge scheinen adulte Pferde zum Großteil in der Lage zu sein, eine NPHV-Infektion zu eliminieren (Pfaender et al. 2015; Ramsay et al. 2015). Pfaender et al. (2015) untersuchten 87 Pferde einer Herde über einen Zeitraum von fünf Monaten und zeigten, dass 60 % der NPHV-positiven Pferde das Virus innerhalb von zwei Monaten erfolgreich abwehren konnten. In verschiedenen Studien wurden beim Pferd jedoch auch persistierende NPHV-Infektionen beschrieben, die über Zeiträume von sechs Monaten bis zu 14 Jahren bestanden (Lyons et al. 2014; Pfaender et al. 2015; Ramsay et al. 2015; Scheel et al. 2015a). Der Infektionsverlauf bei Fohlen und Jungpferden wurde bisher wenig untersucht. In einer Infektionsstudie von Ramsay et al. (2015) konnten immunkompetente Fohlen das Virus innerhalb des Studienverlaufes von über einem Jahr nicht eliminieren, obwohl eine Produktion von Antikörpern nachgewiesen wurde. Die Antikörper fielen im Infektionsverlauf parallel mit der Viruslast ab.

1.3.2 Die Equinen Pegiviren

Neben dem NPHV wurden in den vergangenen Jahren neue pferdespezifische Pegiviren in der Familie *Flaviviridae* gefunden. Im Jahr 2013 wurde in den USA das Equine Pegivirus 1 (EPgV 1) bei Pferden beschrieben, das ebenfalls persistierende Infektionen hervorrufen kann (Kapoor et al. 2013a). Bisherige Untersuchungen deuten analog zum humanen Pegivirus auf einen Tropismus für lymphatisches Gewebe hin, jedoch bleibt eine Assoziation zu klinischen Erkrankungen fraglich (Lyons et al. 2014). So wurde virale RNA sowohl bei Pferden mit erhöhten Leberwerten als auch bei gesunden Pferden gefunden (Kapoor et al. 2013a). Erste Studien zur Prävalenz in Europa berichten von 66,5 % Antikörper-positiven und 3,7 % RNA-positiven Pferden in Groß-Britannien (Lyons et al. 2014) und 13,5 % virämischen Pferden in

Norddeutschland (Postel et al. 2016). Auf einer Konferenz zu equinen Infektionskrankheiten stellten Mealey u. Ramsay (2016) Ergebnisse vor, die auf eine mögliche Assoziation von Lebererkrankungen mit EPgV 1- und NPHV-Infektionen hindeuten. Bei EPgV 1-infizierten Rennpferden wurde zusätzlich ein Zusammenhang mit verminderter Leistungsfähigkeit vermutet.

Das *Theiler's disease associated virus* (TDAV) wurde im Kontext eines Ausbruchs von Serumhepatitiden in den USA nachgewiesen (Chandriani et al. 2013) und als möglicher Erreger der equinen Serumhepatitis (*Theiler's Disease*) diskutiert. Allerdings wurde TDAV seither lediglich in kommerziell erhältlichen Pferdeseren gefunden, die in Zellkulturen Verwendung finden (Postel et al. 2016).

1.4 Ziel der Untersuchungen

Mit Hilfe der vorliegenden Arbeit sollen natürliche Infektionswege von NPHV, EPgV 1 und TDAV identifiziert werden, wobei vorrangig die vertikale Virusübertragung von der Mutterstute auf ihr Fohlen untersucht wird. Ein weiteres Ziel ist die Charakterisierung des natürlichen Infektionsverlaufes von NPHV-infizierten Fohlen und Jungpferden.

2 Material und Methodik

2.1 Studienkooperationen

Die Arbeit wurde in Kooperation mit dem Institut für Experimentelle Virologie am TWINCORE, Zentrum für Experimentelle und Klinische Infektionsforschung, durchgeführt. Im Labor des TWINCORE fand die Untersuchung der Proben auf das Vorhandensein von NPHV-RNA und anti-NPHV-NS3-Antikörpern (Ak) statt. Die Laboruntersuchungen bezüglich der EPgV 1- und TDAV-RNA fand in Kooperation mit dem Institut für Virologie der Tierärztlichen Hochschule Hannover statt. Die Aufbereitung der Plazentaproben erfolgte in Zusammenarbeit mit dem Anatomischen Institut und die histopathologische Auswertung der Plazenta in Kooperation mit dem Institut für Pathologie der Tierärztlichen Hochschule Hannover.

2.2 Tiere

Während der Abfohlsaison 2015 wurden 20 tragende Zuchtstuten eines norddeutschen Vollblutgestüts im Alter von 6–18 Jahren für die Studie rekrutiert. Die Stuten wurden durchnummeriert von #1.0 bis #21.0 sowie die zugehörigen Fohlen von #1.1 bis #21.1. Stute #2.0 wurde frühzeitig von der Studie ausgeschlossen, da präpartal keine Blutentnahme bei der Stute stattfinden konnte.

Im Rahmen des Gestütsmanagements wurden zur Geburt anstehende Stuten ca. 1–2 Wochen vor dem Abfohltermin in einen separaten Abfohlstall verbracht. Tagsüber hatten sie in Kleingruppen Weidezugang. Einige Tage nach der Abfohlung wurden die Stuten und ihre Fohlen in ein anderes Stallgebäude verbracht und hatten dort zunächst einzeln, später in Kleingruppen wechselnder Zusammensetzung (2–4 Stuten-Fohlen Paare) täglich Weidezugang. Alle Boxen wurden zwischen den Belegungen gereinigt und desinfiziert. Nach ca. zwei Monaten blieben die Stuten und Fohlen in überwiegend konstanten Herdenzusammensetzungen ganztägig auf der Weide und wurden erst im Spätherbst nachts aufgestallt.

2.3 Probenentnahme

2.3.1 Allgemeinuntersuchung

Die Stuten und Fohlen wurden zu jeder Blutprobenentnahme entsprechend dem Protokoll im Anhang (10.2) allgemeinuntersucht.

2.3.2 Präpartale Blutproben der Stuten

Zur Geburt anstehende Stuten wurden in der letzten Woche *ante partum* klinisch allgemeinuntersucht und im Rahmen einer Routineuntersuchung wurden 20 ml Blut mittels Venenpunktion aus der Jugularvene entnommen. Alle Blutproben wurden für maximal 1–2 Stunden bei Raumtemperatur inkubiert, anschließend für 15–20 Minuten (min) bei 2.000 × g bei Raumtemperatur zentrifugiert (Hettich Rotofix 32, Andreas Hettich GmbH & Co.KG, Tuttlingen, Deutschland) und das Serum schließlich in 2 ml Eppendorfgefäße (Sarstedt, Nümbrecht, Deutschland) pipettiert. Die Proben wurden zunächst bei –20° C eingefroren und innerhalb von maximal 10 Tagen in einen –80° C-Tiefkühler umgelagert.

2.3.3 Nabelschnurblut

Der Geburtsverlauf wurde überwacht und entsprechend dem Protokoll im Anhang (10.3) dokumentiert. Während der Geburt wurden nach Ruptur der Nabelschnur und vor Abgang der Plazenta 20–30 ml Nabelschnurblut aus dem plazentaseitigen Ende der Nabelschnur in einem Serumröhrchen (VACUETTE® RÖHRCHEN 9 ml Z Serum Gerinnungsaktivator, Greiner Bio-One International GmbH, Kremsmünster, Österreich) aufgefangen. Das Blut wurde zentrifugiert und das gewonnene Serum asserviert - wie unter 2.3.2 beschrieben.

Bei drei Stuten wurde die Geburt nicht überwacht (Stute #4.0, #9.0 und #18.0). Von Stute #4.0 und #9.0 wurde Blut gemischt mit Fruchtwasser aus der frisch abgegangenen Plazenta gewonnen und verfahren wie unter 2.3.2 beschrieben. Bei Stute #7.0 bestand bereits zum Zeitpunkt des physiologischen Plazentaabganges eine beinahe vollständige Zusammenhangstrennung des Allantochorions im Bereich des Plazentakörpers zwischen den Plazentahörnern, so dass das Nabelschnurblut wegen einer potentiellen Kontamination mit maternalem Blut von der Studie ausgeschlossen wurde.

2.3.4 Plazenta

Die fetale Plazenta wurde nach der Geburt makroskopisch untersucht und beprobt wie in Abbildung 1 dargestellt.

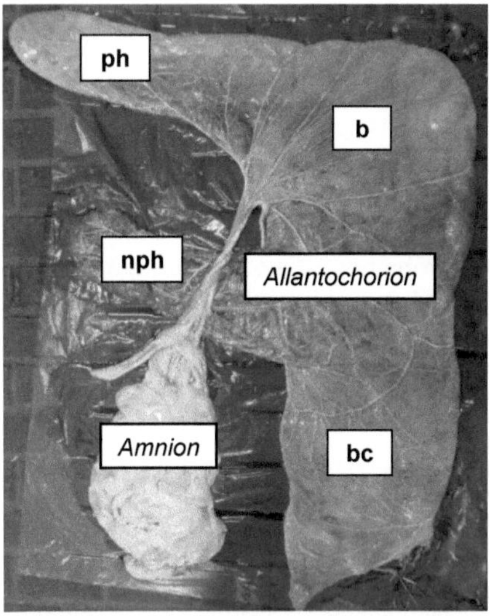

Abb. 1: Entnahmelokalisationen der Proben von dem Allantochorion der fetalen Plazenta. Vom tragenden Horn (ph = *pregnant horn*), vom nicht-tragenden Horn (nph = *not pregnant horn*), aus einem Bereich in der Nähe der Zervix (bc = *body near cervix*) und dem kranialen Bereich des Allantochorions (b = *body*) wurden je zwei ca. 1 cm^2 große Proben entnommen und in Formalin fixiert. Bei der Probenentnahme wurde darauf geachtet, dass stets alle Gewebeschichten in der Probe enthalten waren.

Die Proben der ersten fünf Stuten (#1.0 bis #6.0) wurden in ca. 100 ml einer 4%igen Formaldehyd-Lösung eingelegt und innerhalb von 2–15 Tagen im Labor des Anatomischen Instituts der Tierärztlichen Hochschule Hannover in 70%igen Alkohol (Carl Roth, Karlsruhe, Deutschland) umgebettet.
Die Proben der restlichen 14 Stuten (#7.0 bis #21.0, exkl. #18.0) wurden in ca. 100 ml einer 4%igen neutral-gepufferten Formaldehyd-Lösung eingelegt, nach 48 Stunden mit Leitungswasser abgespült und sofort in 70%igen Alkohol (Carl Roth, Karlsruhe, Deutschland) umgebettet. Von jeder Probenlokalisation wurden im Labor des Anatomischen Instituts der Tierärztlichen Hochschule Hannover nach einem Routineprotokoll zwei Paraffinblöcke hergestellt (Anhang 10.4). Anschließend wurde aus jedem Block ein histologischer Schnitt à 3–5 µm Dicke angefertigt und mit Hämatoxylin-Eosin (HE) angefärbt (Anhang 10.4). Die Schnitte wurden im Institut für Pathologie der Tierärztlichen Hochschule Hannover pathohistologisch ausgewertet.
Von allen Stuten (exkl. #18.0) wurden zusätzlich je zweimal ca. 1 cm^2 große Plazentaproben aus dem Bereich des Plazentakörpers in 15 ml oder 50 ml Polypropylen-Zentrifugenröhrchen (Falcon, Durham, USA) eingefroren. Von den Stuten #12.0 bis #21.0 (exkl. #18.0) wurden zusätzlich ca. 1 cm^2 große Proben beider Hörner entnommen und ebenfalls eingefroren.

2.3.5 Kolostrum

Den Stuten wurde ca. 6–10 ml Kolostrum abgemolken bevor das Fohlen erstmalig Kontakt zum Euter hatte. Die Kolostrumproben wurden in 2 ml Eppendorfgefäße (Sarstedt, Nümbrecht, Deutschland) aliquotiert und eingefroren - wie unter 2.3.2 beschrieben. Stute #4.0 wurde unmittelbar nach der Geburt gefunden, bevor das Fohlen erstmalig Kontakt zum Euter hatte, so dass eine reguläre Kolostrumprobe gesammelt wurde. Von Stute #9.0 wurde ersatzweise einige Stunden nach der Geburt eine Kolostrumprobe entnommen, nachdem das Fohlen bereits am Euter getrunken hatte und von Stute #18.0 konnte kein Kolostrum gewonnen werden.

2.3.6 Postnatale Blutproben der Fohlen

Die Stuten und Fohlen wurden einen Tag *post partum* allgemeinuntersucht (Anhang 10.2). Ca. 11–17 Stunden nach der Geburt wurde den Fohlen durch den Haustierarzt mittels Venenpunktion Blut aus der Jugularvene zur Bestimmung der Immunglobulinkonzentration entnommen (Anhang 10.5). Im Rahmen dieser Routineblutentnahme wurden ca. 10 ml postnatales Serum der Fohlen gewonnen und asserviert, wie unter 2.3.2 beschrieben.

2.3.7 Blutproben der Stuten und Fohlen nach drei und sechs Monaten

Um den Infektionsverlauf genauer analysieren zu können, fand ca. drei und sechs Monate nach der Geburt jeweils eine weitere Allgemeinuntersuchung und Blutprobenentnahme der Stuten und Fohlen statt. Die Blutproben wurden für 1–2 Stunden bei Raumtemperatur inkubiert und bei 2000 × g für 15–20 min bei Raumtemperatur zentrifugiert (Zentrifuge, CompactStar CS4, VWR International GmbH, Darmstadt, Deutschland). Das gewonnene Serum wurde in 2 ml Eppendorfgefäße (Sarstedt, Nümbrecht, Deutschland) pipettiert und eingefroren wie zuvor beschrieben. Die Probenentnahme wurde bei der zuständigen Behörde angezeigt (LAVES, niedersächsisches Landesamt für Lebensmittelsicherheit und Verbraucherschutz; Aktenzeichen 15A 535).

2.3.8 Folgeuntersuchungen akut NPHV infizierter Fohlen

Fohlen die im Alter von 5–6 Monaten erstmalig NPHV-RNA-positiv waren, wurden in eine anschließende Kohorten-Untersuchung einbezogen. Im Rahmen dieser Folgestudie wurden vier Fohlen (Fohlen #9.1, #10.1, #17.1 und #19.1) für weitere sieben Monate untersucht. Da die klinische Bedeutung von NPHV nicht geklärt ist, wurden die Fohlen im Einverständnis mit dem Besitzer bis zum Alter von 12–13 Monaten insgesamt vier weitere Male beprobt (im November und Dezember 2015 sowie Februar und Mai 2016) um den klinischen Allgemeinzustand, leberspezifische Parameter und den Infektionsstatus (NPHV-RNA und anti-NPHV-NS3-Ak) zu bestimmen. Mittels Venenpunktion wurde den Fohlen ca. 30 ml Blut entnommen, welches jeweils in zwei 9 ml Z Serum Gerinnungsaktivator VACUETTE® RÖHRCHEN, ein 4 ml K3E K3EDTA VACUETTE® RÖHRCHEN, ein 4 ml LH Lithium Heparin VACUETTE® RÖHRCHEN und ein 9NC Coagulation Sodium Citrate 3.8 % VACUETTE® RÖHRCHEN (Greiner Bio-One International GmbH, Kremsmünster, Österreich) umgefüllt wurde. Die Blutproben in den 9 ml Z Serum Gerinnungsaktivator VACUETTE® RÖHRCHEN (Greiner Bio-One International GmbH, Kremsmünster, Österreich) wurden für ca. 2 Stunden bei Raumtemperatur inkubiert, anschließend mit 3000 × g für 6–10 min bei Raumtemperatur zentrifugiert (Hettich-Zentrifuge, Universal 320, Andreas Hettich GmbH & Co.KG, Tuttlingen, Deutschland) und das gewonnene Serum in 2 ml Eppendorfgefäße (Sarstedt, Nümbrecht, Deutschland) pipettiert. Die anderen Blutproben wurden gekühlt zum Labor der Kleintierklinik der Tierärztlichen Hochschule Hannover verbracht und blutchemisch untersucht (2.9.2). Aufgrund von Nasenausfluss einiger Fohlen im akuten Stadium wurden zusätzlich zu allen Zeitpunkten trockene Nasentupfer aus dem ventralen Nasengang mit Hilfe eines sterilen Abstrichbestecks (*Dry swab*, Heinz Herenz Medizinalbedarf, GmbH, Hamburg, Deutschland) entnommen. Alle Serumproben und Nasentupfer wurden bis zur Analyse bei –80° C gelagert.

2.4 Laboruntersuchungen

Zur Probenentnahme und -aufbereitung und dem anschließenden Nachweis von anti-NPHV-NS3-Ak und viraler NPHV-, EPgV 1- und TDAV-RNA wurden verschiedene Kits, Chemikalien, Pufferlösungen, Plasmide, Oligonukleotide, Verbrauchsmaterialien und Geräte verwendet (Anhang 10.1). In Abbildung 2 ist eine Übersicht der Laboruntersuchungen graphisch dargestellt.

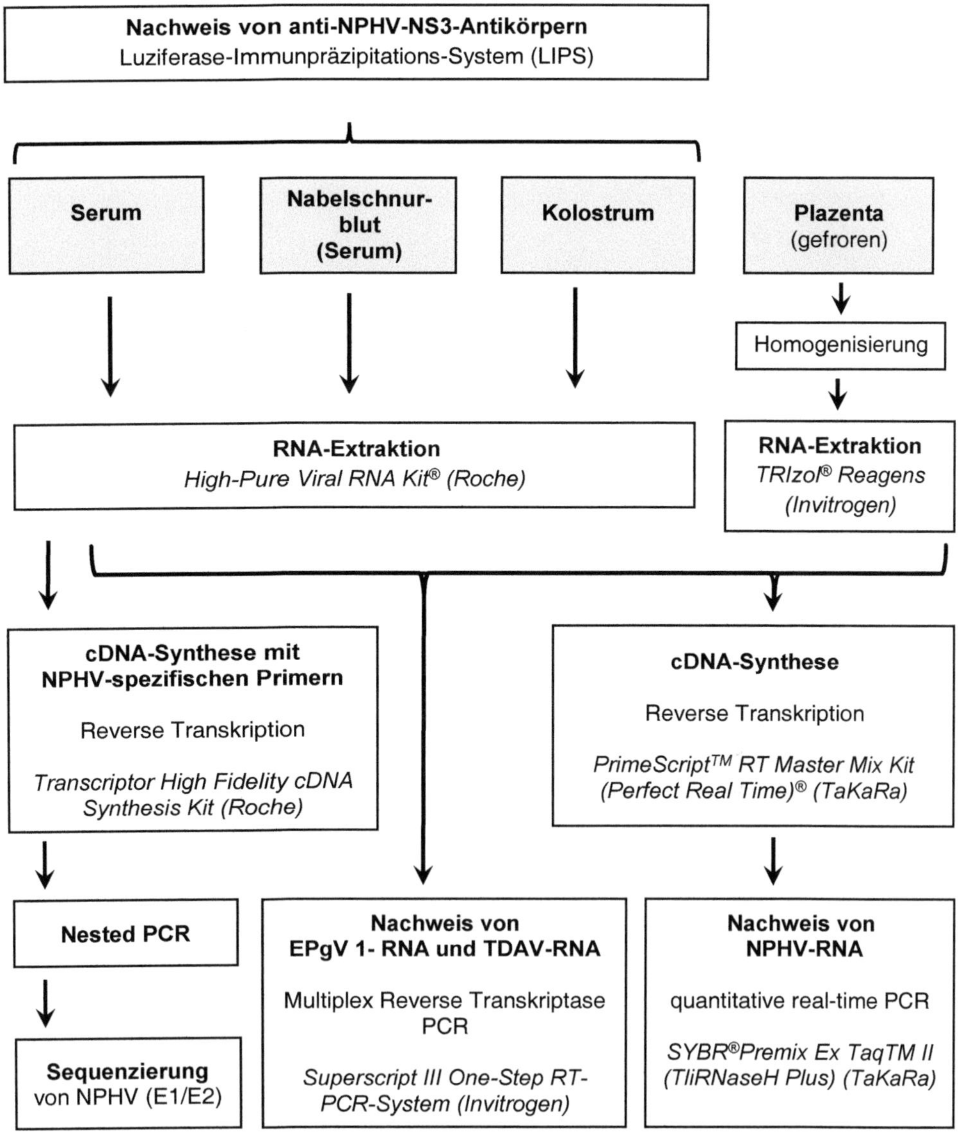

Abb. 2: Schematische Übersicht über die durchgeführten Laboruntersuchungen.

2.5 Nachweis von NPHV RNA

2.5.1 Vorbereitung der Proben

Vor der Durchführung der qRT-PCR zur Messung der NPHV-RNA wurde die RNA aus den entsprechenden Proben isoliert und mittels reverser Transkription komplementäre DNA hergestellt.

2.5.1.1 RNA-Extraktion aus den Serum- und Kolostrum-Proben sowie dem Serum des Nabelschnurblutes

Aus den Serumproben der Stuten und Fohlen sowie den Kolostrum-Proben und dem Serum der Nabelschnurblutproben wurde mit Hilfe des *High-Pure Viral RNA Kit®* (Roche, Mannheim, Deutschland) nach Herstelleranweisung die virale RNA isoliert:

1. Zunächst wurden *Binding Buffer* und *Poly(A)* im Verhältnis 100:1 in einem 50 ml Polypropylen Zentrifugenröhrchen (Falcon, Durham, USA) gemischt. Anschließend wurde 200 µl Serum mit 400 µl *Binding Buffer Mix* in einem 1,5 ml Eppendorfgefäß (Sarstedt, Nümbrecht, Deutschland) gemischt.
2. Das gesamte Volumen wurde in das obere Reservoir der im Kit vorhandenen *High Pure Filter Tube* (Filter-Zentrifugensäule) gegeben. Die Filter bestehen aus Glasfaservlies, enthalten chaotropes Salz (Guanidin-HCl) und haben die Fähigkeit Nukleinsäuren zu binden.
3. Die Röhrchen wurden für 20 Sekunden (sek) bei 8.000 × g in einer gekühlten Zentrifuge (Eppendorf Centrifuge 5417C®, Eppendorf, Hamburg, Deutschland) bei 4° C zentrifugiert.
4. Die Filtersäulen wurden in neue Sammelröhrchen überführt, die vorherigen mit der aufgefangenen Flüssigkeit wurden verworfen.
5. In das obere Reservoir der Filtersäulen wurden 500 µl *Inhibitor Removal Buffer* gegeben und die Röhrchen bei 8.000 × g für 1 min zentrifugiert.
   Dieser Schritt dient der möglichst vollständigen Entfernung potentieller Kontaminanten (z.B. Viren, Nukleasen und andere zelluläre Bestandteile).

6. Die Sammelröhrchen wurden erneut durch neue ersetzt, die Vorigen wurden mitsamt der aufgefangenen Flüssigkeit verworfen.
7. Es folgten 2 Waschschritte mit je 450 µl *Wash Buffer*. Diese mit Ethanol (ROTIPURAN® ≥99,8 %, Carl Roth, Karlsruhe, Deutschland) versetzte Lösung diente dazu Proteine, Salze und andere Kontaminanten zu entfernen.
8. Nach Zugabe der Lösung in das obere Reservoir der Filtersäulen wurden die Röhrchen bei 8.000 × g für 1 min zentrifugiert und die Filtersäule anschließend in neue Sammelröhrchen überführt.
9. Nach dem zweiten Waschschritt wurde die Restflüssigkeit aus den Glasfaser-vlies-Filtern entfernt, indem sie für 10 sek bei maximaler Geschwindigkeit zentrifugiert wurden.
10. Anschließend wurden die Filtersäulen in 1,5 ml Eppendorfgefäße (Sarstedt, Nümbrecht, Deutschland) überführt und 50 µl *Elution Buffer* in das obere Reservoir der Filtersäulen gegeben.
11. Nach erneuter Zentrifugation bei 8.000 × g für 1 min befand sich im 1,5 ml Eppendorfgefäß (Sarstedt, Nümbrecht, Deutschland) die gelöste RNA die sofort auf Eis gekühlt wurde. Die Proben wurden bei –80° C gelagert bis weitere Analysen erfolgten.

2.5.1.2 RNA-Extraktion aus den Plazentaproben

Von den gefrorenen Plazentaproben wurden je 40 bis 200 mg in 1 ml TRIzol® Reagens (Invitrogen, Thermo Fisher Scientific, Waltham, Massachusetts, USA) mit Hilfe des Ultra-Turrax® T 25 rotor-stator Gewebe Homogenisator (Ika, Laboratory Supply Network) zerkleinert. Alle Zentrifugationen wurden mit der Eppendorf Zentrifuge 5417C® (Eppendorf, Hamburg, Deutschland) durchgeführt. Die RNA-Extraktion erfolgte nach Herstellerangaben:

1. Die in TRIzol® Reagens (Invitrogen, Thermo Fisher Scientific, Waltham, Massachusetts, USA) homogenisierten Proben wurden für 10 min bei 12.000 × g bei 4° C zentrifugiert.
2. Der klare Überstand, der die RNA enthielt, wurde vorsichtig in ein neues 1,5 ml Eppendorfgefäß (Sarstedt, Nümbrecht, Deutschland) pipettiert.

3. Zur Phasen-Separation wurden die Proben zunächst für 5 min bei Raumtemperatur inkubiert, um eine komplette Dissoziation des Nukleoprotein-Komplexes zu ermöglichen.
4. Anschließend wurden 0,2 ml Trichlormethan/Chloroform (Carl Roth, Karlsruhe, Deutschland) hinzugefügt, und das Reaktionsgefäß wurde für 15 sek kräftig geschüttelt.
5. Es folgte eine Inkubation von 2–3 min bei Raumtemperatur.
6. Die Proben wurden bei 12.000 × g für 15 min bei 4° C zentrifugiert, so dass sich drei Phasen bildeten.
    - Oben: klare, wässrige Phase (ca. 50 % des Gesamtvolumens), in der die RNA enthalten war
    - Mitte: weißliche Interphase (Proteine)
    - Unten: rote, organische Phenol-Chloroform-Phase
7. Die wässrige erste Phase wurde vorsichtig in ein neues 1,5 ml Eppendorfgefäß (Sarstedt, Nümbrecht, Deutschland) pipettiert.
8. Zur Präzipitation der RNA wurden 0,5 ml 2-Propanol ROTIPURAN® ≥99,8 % (Carl Roth, Karlsruhe, Deutschland) zu der separierten wässrigen Phase hinzugegeben und für 10 min bei Raumtemperatur inkubiert.
9. Es folgte eine Zentrifugation bei 12.000 × g für 10 min bei 4° C.
10. Für den anschließenden Waschschritt wurde zunächst der Überstand abpipettiert, so dass lediglich das bei der Zentrifugation entstandene Pellet mit der enthaltenen RNA im Reaktionsgefäß verblieb.
11. Dann wurde 1 ml 75%iges Ethanol (zuvor verdünnt aus Ethanol, ROTIPURAN® ≥99,8 % (Carl Roth, Karlsruhe, Deutschland) und reinstem Wasser) hinzugegeben. Die Probe wurde mittels Schüttler-Unimax 1010 (Heidolph Instruments, Schwabach, Deutschland) gemischt und bei 7.500 × g und 4° C für 5 min zentrifugiert.
12. Anschließend wurde das entstandene Pellet bei 37° C im Heizblock (Thermomixer compact®, Eppendorf, Hamburg, Deutschland) für 5–10 min bei geöffnetem Deckel getrocknet.

13. Um das entstandene RNA-Pellet zu resuspendieren, wurden 20 µl RNAse freies Wasser (Aqua ad iniectabilia, Braun, Melsungen, Deutschland) hinzugefügt und mehrfach auf und ab pipettiert. Anschließend wurde die Probe im Heizblock bei 55–60° C für 10–15 min inkubiert, um das RNA-Pellet im Wasser zu lösen.
14. Alle RNA-Proben wurden bei –80° C gelagert, bis weitere Analysen erfolgten.

2.5.1.3 Isolation der RNA aus den Nasentupfern

Die RNA-Extrakton aus den trockene Nasentupfern (steriles Abstrichbesteck, *Dry swab*, Heinz Herenz Medizinalbedarf, GmbH, Hamburg, Deutschland) der vier akut infizierten Fohlen erfolgte nach Herstellerangaben mit Hilfe des *Vantage™ Total RNA Purification Kit* (Origene, Maryland, USA). Alle Zentrifugationen erfolgten mit Hilfe der Eppendorf Zentrifuge 5417C® (Eppendorf, Hamburg, Deutschland).

1. Zunächst wurden die abgetrennten Enden, die den Watteanteil des sterilen Abstrichbestecks (*Dry swab*, Heinz Herenz Medizinalbedarf, GmbH, Hamburg, Deutschland) enthielten, zusammen mit 600 µl *Lysis Solution* und 6 µl 2-Mercaptoethanol (Sigma-Aldrich Chemie GmbH, München, Deutschland) in ein 2 ml Eppendorfgefäß (Sarstedt, Nümbrecht, Deutschland) gegeben. Die Reaktionsgefäße wurden in dem Schüttler-Unimax 1010 (Heidolph Instruments, Schwabach, Deutschland) für 5 min bei Raumtemperatur inkubiert.
2. Die Flüssigkeit wurde abpipettiert und in ein neues 1,5 ml Eppendorfgefäß (Sarstedt, Nümbrecht, Deutschland) gegeben, wobei die Flüssigkeitsmenge bestimmt wurde.
3. Anschließend wurde das gleiche Volumen an 75%igem Ethanol (zuvor verdünnt aus Ethanol, ROTIPURAN® ≥99,8 % (Carl Roth, Karlsruhe, Deutschland) und reinstem Wasser) hinzugegeben und mittels Schüttler-Unimax 1010 (Heidolph Instruments, Schwabach, Deutschland) gemischt.
4. In das obere Reservoir der im Kit enthaltenen *RNA Binding Columns* wurden maximal 600 µl des Lysats gegeben und für 1 min bei 14.000 × g bei Raumtemperatur zentrifugiert. Dieser Schritt wurde je Probe mit derselben Säule wiederholt, wenn mehr als 600 µl Lysat vorhanden waren.

5. In den folgenden drei Waschschritten wurden zunächst 400 µl *Wash Buffer* auf das obere Reservoir der *RNA Binding Columns* gegeben und bei 14.000 × g für 1 min bei Raumtemperatur zentrifugiert. Die im Sammelröhrchen aufgefangene Flüssigkeit wurde verworfen und sowohl *RNA Binding Columns* als auch Sammelröhrchen weiterverwendet.
   Dieser Waschschritt wurde insgesamt 3-mal durchgeführt, wobei die Zentrifugation nach dem letzten Waschschritt für 2 min erfolgte.
6. Die *RNA Binding Columns* wurden anschließend in ein neues Reaktionsgefäß überführt. In das obere Reservoir wurden 50 µl *Elution Buffer* gegeben und die Reaktionsgefäße zunächst bei 200 × g für 2 min und dann bei 14.000 × g für eine weitere Minute bei Raumtemperatur zentrifugiert.
7. Die gelöste RNA wurde sofort auf Eis verbracht.
8. Alle Proben wurden bei –80° C gelagert bis weitere Analysen erfolgten.

2.5.1.4 Herstellung komplementärer DNA (cDNA)

Die isolierte RNA wurde vor der Durchführung der SYBR-Green-basierten quantitative real time (qRT)-PCR in cDNA umgeschrieben. Dies erfolgte nach Herstelleranweisung mit dem *PrimeScript™ RT Master Mix Kit* (Perfect Real Time)® (TaKaRa, Kusatsu, Japan) mittels reverser Transkription.
Es wurden 2 µl des im Kit enthaltenen *PrimeScript RT Master Mix®* mit 8 µl RNA–Lösung in einem 1,5 ml Eppendorfgefäß (Sarstedt, Nümbrecht, Deutschland) gemischt und für 15 min bei 37° C im Heizblock (Thermomixer compact®, Eppendorf, Hamburg, Deutschland) inkubiert. Im *PrimeScript RT Master Mix®* enthalten sind sowohl das Enzym Reverse Transkriptase als auch Nukleotide und unspezifische Primer. Die Reverse Transkriptase wurde anschließend bei 85° C in einem zweiten Heizblock für 5 sek inaktiviert. Die Proben wurden sofort auf Eis verbracht und anschließend mit 40 µl RNAse freiem Wasser (Aqua ad iniectabilia®, Braun, Melsungen, Deutschland) auf ein Gesamtvolumen von 50 µl aufgefüllt. Die cDNA wurde bis zur Durchführung der PCR bei –20° C gelagert.

2.5.2 Quantitative Real-Time Polymerase Kettenreaktion (qRT-PCR)

Die NPHV-Viruslast wurde mit einer SYBR-Green-basierten qRT-PCR ermittelt. In dem genutzten Kit, *SYBR®Premix Ex TaqTM II (TliRNaseH Plus)* [Bulk®, TaKaRa, Kusatsu, Japan], wurden die Polymerase (TaKaRa Ex Taq HS), die Nukleotide (dNTP Mixtur), Mg^{2+}, Tli RNase (hitzestabile RNase H) und der fluoreszierende Farbstoff SYBR® Green I bereitgestellt. Tabelle 1 zeigt die Zusammensetzung des Reaktionsansatzes (Master Mix).

Tab. 1: Master Mix für die qRT-PCR

SYBR®Premix Ex Taq II	10,0 µl
Primer: Quanti-5UF1 (10 µM)*	0,06 µl
Primer: Quanti-5UR1 (10 µM)*	0,06 µl
H2O	4,88 µl
Gesamtvolumen	15 µl
+ je 5 µl Probe (cDNA)	

* aus der Publikation von (Burbelo et al. 2012)

Für die absolute Quantifizierung der Viruslast wurde auf jeder Platte als Standardreihe das Plasmid pFK_i389-NPHV5'UTRLucNS3-3'_JFH-dg in einer Verdünnung von 10^7 bis 10^1 Kopien/ml mitgeführt. Aus der gemessenen Fluoreszenz konnte mit Hilfe der Standardreihe die in der Probe vorhandenen NPHV-RNA-Kopien/µl errechnet werden. Zu dem Zweck wurde die Korrelation der angegebenen Standardkonzentrationen jeder Verdünnung und der gemessenen C_t-Werte (*cycle threshold*) in der Standardkurve dargestellt. Durch den Vergleich mit der Standardkurve ermittelte die zugehörige Software des *LightCycler® 480* (Roche, Mannheim, Deutschland) die Konzentration der Genomäquivalente in der Probe anhand ihres C_t-Wertes (mit Hilfe der *Second Derivative Maximum Method)*.

Die Proben wurden stets in Doppelwerten gemessen und als Negativkontrollen wurde Wasser, sowie als Positivkontrolle NPHV-RNA-positiv getestete cDNA mitgeführt. Die Fluoreszenzmessung wurde mit dem *LightCycler® 480* (Roche, Mannheim, Deutschland) nach dem in Tabelle 2 dargestellten Thermoprofil durchgeführt.

Tab. 2: Thermoprofil der qRT-PCR

Schritt	Zyklen	Temperatur (° C)	Dauer
1. Initiale Denaturierung	1	95	10 min
2. Amplifizierung	40		
• Denaturierung		95	15 sek
• Primer-Annealing		54	1 min
• Elongation		72	15 sek
3. Schmelzkurve	1	95	15 sek
4. Abkühlen	1	40	30 sek

Eine Probe wurde als NPHV-RNA-positiv gewertet, wenn die Schmelzkurve der Probe mit der der Standardreihe und Positivkontrolle übereinstimmte.

2.6 Sequenzierung der E1/E2 Glykoproteine

Um den Infektionsverlauf sowie mögliche Transmissionen in der Pferdekohorte nachvollziehen zu können, wurden die NPHV-RNA-positiven Proben mittels genetischer Analysen näher charakterisiert. Für die Analyse wurde die Sequenz der viralen Glykoproteine E1/E2 im NPHV-Genom gewählt, da dieser analog zu HCV vermutlich den variabelsten Abschnitt darstellt und für die Etablierung von Infektionen relevant ist. Sequenzunterschiede zwischen verschiedenen NPHV-Varianten waren somit in diesem Bereich am ehesten zu erwarten.

2.6.1 Herstellung komplementärer DNA mit spezifischen Primern

Die komplementäre DNA (cDNA) für die Sequenzierung wurde mit dem *Transcriptor High Fidelity cDNA Synthesis Kit* (Roche, Mannheim, Deutschland) synthetisiert.
Es wurden zwei *Master Mixe* entsprechend Tabelle 3 A und B angesetzt. *Master Mix* 1 wurde mit 10 µl der RNA-Proben für 10 min bei 65° C im Heizblock (*Thermomixer compact®*, Eppendorf, Hamburg, Deutschland) inkubiert, um eine Primer-Bindung zu ermöglichen. Die Proben wurden sofort auf Eis transferiert. Anschließend wurde der *Master Mix* 2 (Tabelle 3 B) dazugegeben und nach dem in Tabelle 4 dargestellten Thermoprofil wurde die cDNA im *T100 thermal cycler* (Bio-Rad Laboratories GmbH, München, Deutschland) hergestellt. Die cDNA wurde bei –20° C gelagert.

Tab. 3 A: Master Mix 1 für die cDNA-Synthese

Primer: A-O-hepaciNS2 (100 µM)	4,0 µl
H2O	8,8 µl
Gesamtvolumen	12,8 µl + je 10 µl Probe (RNA)

Tab. 3 B: Master Mix 2 für die cDNA-Synthese

5x Reaction Buffer	8,0 µl
Protector RNase Inhibitor	1,0 µl
Deoxynucleotide Mix	4,0 µl
DTT	2,0 µl
Transcriptor High Fidelity Reverse Transcriptase	2,2 µl
Gesamtvolumen	17,2 µl

Tab. 4: Thermoprofil für die Reverse Transkription der cDNA-Synthese

Schritt	Temperatur (° C)	Dauer
1.	25	10 min
2.	55	60 min
3.	85	5 min

2.6.2 Nested PCR

Die *nested PCR* ist eine sehr sensitive und hochspezifische PCR.

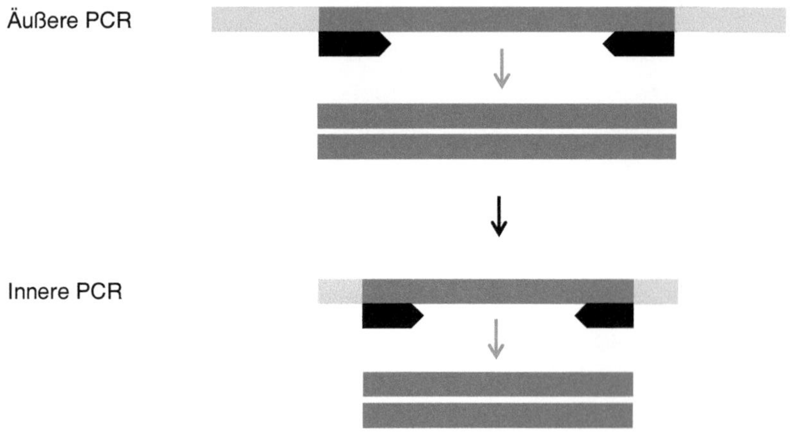

Abb. 3: Schematischer Ablauf einer *nested PCR*. Es handelt sich um zwei PCR-Durchläufe, die mit unterschiedlichen Primer-Paaren (schwarze Pfeile) nacheinander durchgeführt werden. Das PCR-Produkt (obere Balken, dunkelgrauer Bereich) des ersten Durchlaufes, der „äußeren PCR", ist länger und dient als Template für den zweiten PCR-Durchlaufe („innere PCR"). Das heißt, die Primer der inneren PCR binden innerhalb der Sequenz (untere Balken, dunkelgrauer Bereich) des Amplikons das bei der äußeren PCR entstanden ist. Die Abschnitte die nicht mehr amplifiziert werden sind jeweils hellgrau gekennzeichnet.

Die *nested PCR* wurde mit Hilfe des *T100 thermal cycler* (Bio-Rad Laboratories GmbH, München, Deutschland) durchgeführt. In Tabelle 5 ist der *Master Mix* angegeben, mit der die äußere PCR angesetzt wurde. In Tabelle 6 ist das Thermoprofil angegeben.

Tab. 5: Master Mix für die äußere PCR

10x High Fidelity PCR Buffer	2,0 µl
dNTP Mix (10 mM)	0,4 µl
Magnesium Sulfat ($MgSO_4$) (50 mM)	0,8 µl
Platinum® Taq DNA Polymerase High Fidelity	0,1 µl
Primer: S-O-EQ5UTRIAS (10 µM)	0,4 µl
Primer: A-O-hepaciNS2 (10 µM)	0,4 µl
H_2O	5,9 µl
Gesamtvolumen	10,0 µl
	+ je 10 µl Probe (cDNA)

Tab. 6: Thermoprofil der äußeren PCR

Schritt	Zyklen	Temperatur (° C)	Dauer
1. Initiale Denaturierung	1	95	2 min
2. Amplifizierung	35		
• Denaturierung		94	15 sek
• Primer-Annealing		49	30 sek
• Elongation		68	90 sek
3. Abkühlen	1	68	5 min

Die innere PCR wurde als *„Touchdown PCR"* konzipiert um die Amplifikation zu optimieren. Das bedeutet, die Temperatur wurde im Verlauf der Zyklen schrittweise reduziert. In Tabelle 7 ist der Master Mix angegeben, mit der die innere PCR angesetzt wurde. Alle Proben exkl. Stuten-Fohlen Paar #19 wurden mit dem Primer-Paar (A) F-

3.1_S6M_NPHVseqVT und R-3.1_S6M_NPHVseqVT amplifiziert. Die Proben von Stute #19.0 und ihrem Fohlen #19.1 wurden mit dem Primer-Paar (B) F-19.0_NPHVseqVT und R-19.0_NPHVseqVT amplifiziert. In Tabelle 8 ist das Thermoprofil der inneren PCR die Primer-Paare A und B angegeben.

Tab. 7: Master Mix für die innere PCR

10× High Fidelity PCR Buffer		2,0 µl
dNTP Mix (10 mM)		0,4 µl
Magnesium Sulfat ($MgSO_4$) (50 mM)		0,8 µl
Platinum® Taq DNA Polymerase High Fidelity		0,1 µl
(A) Primer: F-3.1_S6M_NPHVseqVT (10 µM) (B) Primer: F-19.0_NPHVseqVT (10 µM)	oder	0,4 µl
(A) Primer: R-3.1_S6M_NPHVseqVT (10 µM) (B) Primer: R-19.0_NPHVseqVT (10 µM)	oder	0,4 µl
H_2O		14,4 µl
Gesamtvolumen		18,5 µl
	+ je 1,5 µl Probe (Produkt der „Outer PCR“)	

Tab. 8: Thermoprofile der inneren PCR in Abhängigkeit der Primer-Paare

Primer-Paar A (F-3.1_S6M_NPHVseqVT/ R-3.1_S6M_NPHVseqVT)	**Primer-Paar B** (F-19.0_NPHVseqVT/ R-19.0_NPHVseqVT)
1. Initiale Denaturierung (1 Zyklus) 95° C für 2 min	1. Initiale Denaturierung (1 Zyklus): 95° C für 2 min
2. Amplifizierung (5 Zyklen) • Denaturierung: 95° C für 15 sek • Primer-Annealing: 56° C für 30 sek • Elongation: 68° C für 2 min	2. Amplifizierung (5 Zyklen) • Denaturierung: 95° C für 15 sek • Primer–Annealing: 60° C für 30 sek • Elongation: 68° C für 2 min
3. Amplifizierung (5 Zyklen) • Denaturierung: 95° C für 15 sek • Primer-Annealing: 53° C für 30 sek • Elongation: 68° C für 2 min	3. Amplifizierung (5 Zyklen) • Denaturierung: 95° C für 15 sek • Primer-Annealing: 57° C für 30 sek • Elongation: 68° C für 2 min
4. Amplifizierung (5 Zyklen) • Denaturierung: 95° C für 15 sek • Primer-Annealing: 51° C für 30 sek • Elongation: 68° C für 2 min	4. Amplifizierung (5 Zyklen) • Denaturierung: 95° C für 15 sek • Primer-Annealing: 55° C für 30 sek • Elongation: 68° C für 2 min
5. Amplifizierung (25 Zyklen) • Denaturierung: 95° C für 15 sek • Primer-Annealing: 50° C für 30 sek • Elongation: 68° C für 2 min	5. Amplifizierung (25 Zyklen) • Denaturierung: 95° C für 15 sek • Primer-Annealing: 54° C für 30 sek • Elongation: 68° C für 2 min
6. Amplifizierung (5 Zyklen) • Denaturierung: 95° C für 15 sek • Primer-Annealing: 49° C für 30 sek • Elongation: 68° C für 2 min	6. Amplifizierung (5 Zyklen) • Denaturierung: 95° C für 15 sek • Primer-Annealing: 53° C für 30 sek • Elongation: 68° C für 2 min
7. Abkühlen: 68° C für 5 min	7. Abkühlen: 68° C für 5 min

Alle Proben wurden bis zu den weiteren Analysen bei –20° C gelagert.

2.6.3 Agarosegel und Aufreinigung des Gels

Um die PCR-Produkte ihrer Länge nach aufzutrennen, wurden sie auf ein 1,5%iges Agarosegel aufgetragen. Als Farbstoff für die DNA wurde die in TAE-Puffer gelöste *UltraPure™ Agarose* (Invitrogen, Thermo Fisher Scientific, Waltham, Massachusetts, USA) im Verhältnis 1:1000 mit 1%iger Ethidiumbromidlösung (Carl Roth, Karlsruhe, Deutschland gemischt, bevor das Gel fest wurde. Zur Beschwerung der DNA wurde zusätzlich *DNA Gel Loading Dye* (6×) (Thermo Fisher Scientific, Waltham, Massachusetts, USA) im Verhältnis 1:6 zu jeder Probe gegeben. Als Größenmarker wurden der *GeneRuler DNA Ladder Mix* (Thermo Fisher Scientific, Waltham, Massachusetts, USA) verwendet.

Die spezifischen Banden in der erwarteten Länge der Amplikons (ca. 1600 Basenpaare) wurden mit Hilfe von UV-Licht ermittelt und ausgeschnitten. Die Gelstücke wurden in 1,5 ml Eppendorfgefäße (Sarstedt, Nümbrecht, Deutschland) bei –20° C gelagert bis zur Durchführung weiterer Analysen. Die Aufreinigung der ausgeschnittenen Bereiche erfolgte nach Herstellerangaben mit dem Kit *NucleoSpin® Gel and PCR Clean-up* (Macherey-Nagel GmbH & Co. KG, Düren, Deutschland). Alle Zentrifugationsschritte erfolgten mit der Eppendorf Zentrifuge 5417C® (Eppendorf, Hamburg, Deutschland).

1. Dem Gelstück im Reaktionsgefäß wurde jeweils die doppelte Menge *Binding Buffer NTI* hinzugefügt und für 5–10 min bei 50° C im Heizblock (Thermomixer compact®, Eppendorf, Hamburg, Deutschland) inkubiert bis sich das Gel aufgelöst hatte. Die Proben wurden mit Hilfe des Schüttler-Unimax 1010 (Heidolph Instruments, Schwabach, Deutschland) gemischt.
2. Die *NucleoSpin® Gel and PCR Clean-up Columns* wurden in *Collection Tubes* platziert und das obere Reservoir wurde mit maximal 750 µl des aufgelösten Gels beladen. Die Proben wurden für 30 sek bei 11.000 × g zentrifugiert.
3. Der Durchfluss wurde verworfen und es folgten zwei Waschschritte je durch die Zugabe von 700 µl *Wash Buffer NT3* in das obere Reservoir und anschließender Zentrifugation für 30 sek bei 11.000 × g.
4. Die Silikatmembran der *NucleoSpin® Gel and PCR Clean-up Columns* wurde getrocknet, indem die Röhrchen für 1 min bei 11.000 × g zentrifugiert wurden.

Anschließend wurde der restliche Alkohol getrocknet, indem die Röhrchen offen bei 70° C in einem Heizblock (Thermomixer compact®, Eppendorf, Hamburg, Deutschland) für 2 min inkubiert wurden.

5. Die *NucleoSpin® Gel and PCR Clean-up Columns* wurden in neue 1,5 ml Eppendorfgefäße (Sarstedt, Nümbrecht, Deutschland) platziert. Auf das obere Reservoir der *NucleoSpin® Gel and PCR Clean-up Columns* wurden je 30 µl *Elution Buffer NE* gegeben, der zuvor auf 70° C erwärmt worden war. Dann wurden die Proben für 1–2 min bei 70° C im Heizblock (Thermomixer compact®, Eppendorf, Hamburg, Deutschland) inkubiert und schließlich für 1 min bei 11.000 × g zentrifugiert.
6. Die aufgereinigte DNA wurde bei –20° C bis zur weiteren Analyse gelagert.

2.6.4 Sequenzierung

Die Kettenabbruchsequenzierung nach Sanger wurde von der Firma GATC Biotech (European Genome and Diagnostics Centre, Konstanz, Deutschland) in zwei Richtungen durchgeführt. Zunächst wurde der DNA-Gehalt in der Probe mittels Vollspektrum-UV-Vis-Spektralphotometer (NanoDrop 1000 Spectrophotometer, Thermo Fisher Scientific, Waltham, Massachusetts, USA) gemessen. Anschließend wurde die aufgereinigte DNA in zwei 1,5 ml Eppendorfgefäßen jeweils mit dem entsprechenden Vorwärts- oder Rückwärts-Primer und reinem Wasser gemischt, so dass in insgesamt 10 µl eine Endkonzentration der Probe von 20–80 ng/µl und des Primers von 5 µM (5 pmol/µl) enthalten war.

2.6.5 Auswertung der Sequenzierungsergebnisse

Zunächst wurde von den Sequenzen einer Probe eine Konsensus Sequenz erstellt. Mit Hilfe des Programms *Finch TV* (Geospiza, Inc., World Trade Center, Seattle, Washington) wurde dabei die Qualität der einzelnen Sequenzen beurteilt. Anschließend wurden mit Hilfe des Programmes MEGA 6 (MEGA Software) multiple Sequenz Alignments erstellt *(Muscle alignment)* (Tamura et al. 2013). Die phylogenetische Analyse erfolgte mit der *number of differences* Methode, durchgeführt mit dem *Neighbor Joining* Algorithmus (Saitou u. Nei 1987). Die Qualität des erstellten phylogenetischen Baumes wurde mittels 1000-fachen *Bootstrapping* überprüft (Felsenstein 1985).

2.7 Untersuchung der anti-NPHV-NS3-Antikörper (Ak)

Die Bestimmung der anti-NPHV-NS3-Ak erfolgte mit Hilfe des semiquantitativen Luziferase-Immunpräzipitations-Systems (LIPS) (Burbelo et al. 2009; Burbelo et al. 2012; Burbelo et al. 2015; Pfaender et al. 2015).

2.7.1 Antigenherstellung

Zur Herstellung des Antigens (Ag) wurde ein von Peter D. Burbelo, PhD. zur Verfügung gestelltes Plasmid (10.1.3) verwendet (Burbelo et al. 2012). In diesem Plasmid war die Sequenz des NPHV-NS3-Genomabschnitts mit der Sequenz der Renilla luciferase (Ruc) fusioniert und in das Plasmid eingebracht worden (Burbelo et al. 2012). Das Plasmid wurde in Cos-1-Zellen transfektioniert. Diese wurden nach einem Standard-Gewebekulturprotokoll in Gibco®DMEM (Thermo Fisher Scientific, Waltham, USA) mit 10%igem Gibco® fetalem Kälberserum (Thermo Fisher Scientific, Waltham, USA) bei 37 °C in einem CO2-Inkubator (5 %) kultiviert. Während einer 48-stündigen Inkubation wurde in den Zellen ein Fusionsprotein aus dem NPHV-spezifischen Nicht-Strukturprotein-3 (NS3) -Peptid (Helikase) und dem C-terminalen Ende der Renilla luciferase translationiert. Anschließend wurde das RUC-NPHV-NS3-Ag-Lysat isoliert, indem die Zellen mit Lyse-Puffer aufgeschlossen und die gewonnenen Zell-Lysate zentrifugiert wurden, um die transgenen Fusionsproteine von Zellresten und Verschmutzungen zu separieren. Der Überstand mit dem enthaltenen RUC-NPHV-NS3-Ag-Lysat wurde vorsichtig abpipettiert und in ein neues Reaktionsgefäß gegeben. Die Lumineszenz des hergestellten Lysats wurde mit dem Centro XS^3 LB 960 Mikroplatten Luminometer (Berthold, Freiburg, Deutschland) gemessen, indem 1 µl des Lysats mit 8 µl PBS verdünnt und anschließend 50 µl Coelenterazin-Substrat (p.j.k. GmbH, Kleinblittersdorf, Deutschland) zugegeben wurden.

Nach der Messung von drei Proben ergab sich der Durchschnittswert der relativen Lichteinheit (RLU)/µl, aus dem die benötigte Menge der jeweiligen Antigenherstellung je Plattenvertiefung errechnet werden konnte. Bis zu weiteren Analysen wurde das RUC-NPHV-NS3-Ag-Lysat bei –80° C gelagert.

2.7.2 Durchführung des LIPS

Im Doppelansatz wurden die Serumproben, das Serum des Nabelschnurblutes sowie die Kolostrum-Proben in einer Verdünnung von 1:10 mit Puffer A auf eine 1,2 ml Polypropylen-96-Well-Platte (LVL technologies, Crailsheim, Deutschland) aufgetragen (Masterplatte). Die Platte wurde für 1–2 Stunden bei Raumtemperatur auf einem Schüttler (Unimax 1010 der Firma Heidolph Instruments, Schwabach, Deutschland) bei 300 rpm inkubiert. Zum Schutz wurde sie mit Parafilm-Folie (Bemis® Flexible Packaging, Neenah Paper, Alpharetta, Giorgia, USA) abgedeckt.
Das RUC-NPHV-NS3-Ag-Lysat wurde mit Puffer A verdünnt, um eine Endkonzentration von 1 × 10^7 Light Units (LU) pro Plattenvertiefung zu erhalten. In einer 96-Well-Zellkulturplatte (Falcon, Durham, USA) wurden zunächst 40 µl Puffer A vorgelegt. Dann wurden je Plattenvertiefung erst 50 µl verdünntes RUC-NPHV-NS3-Ag-Lysat dazu gegeben und schließlich 10 µl der mit Puffer A verdünnten Proben von der Masterplatte. Dieser Ansatz wurde wieder für eine Stunde bei Raumtemperatur auf dem Schüttler (Unimax 1010 der Firma Heidolph Instruments, Schwabach, Deutschland) bei 300 rpm inkubiert, so dass die Antikörper aus der Probe und das RUC-NPHV-NS3-Ag aus dem Lysat binden konnten. In der Zwischenzeit wurde eine 96-Well-Filter-HTS-Platte (Merck Millipore, Bedford, Massachusetts, USA) vorbereitet, indem 5 µl einer 30%igen Suspension des in PBS verdünnten *Ultralink Protein A/G Beads®* (Pierce Biotechnology, Rockford, Illinois, USA) in jede Plattenvertiefung pipettiert wurde. Die 100 µl des zuvor angesetzten Antigen-Antikörper-Gemisches in der Zellkulturplatte wurden vollständig auf die Filterplatte übertragen und für eine weitere Stunde auf dem Schüttler (Unimax 1010 der Firma Heidolph Instruments, Schwabach, Deutschland) bei 300 rpm inkubiert. Die *Ultralink Protein A/G Beads®* (Pierce Biotechnology, Rockford, Illinois, USA) binden vorwiegend Immunglobulin G (IgG) und zu einem kleineren Anteil auch Immunglobulin A (IgA). Durch die Bindung

werden die Ag-Ak-Komplexe vergrößert und es wird verhindert, dass in folgenden Waschschritten Ak ausgewaschen werden. Die Filterplatte wurde mit Hilfe der 96-Well-Vakuumpumpe (Welch, Monroe, Louisiana, USA) 8-mal mit 100 µl Puffer A und 2-mal mit 100 µl PBS pro Plattenvertiefung gewaschen. Anschließende wurde die Platte mit Zellstoff abgetrocknet und die Messung der RLU mit einem Plattenluminometer (Centro XS³ LB 960 Mikroplatten Luminometer, Berthold, Freiburg, Deutschland) unter automatischer Zugabe des Substrats Coelenterazin (p.j.k. GmbH, Kleinbittersdorf, Deutschland) durchgeführt. Die Durchführung und Auswertung erfolgte mit dem zugehörigen Softwareprogramm Microwin2000 (Mikrotek Laborsysteme GmbH, Overath, Deutschland). Pro Vertiefung wurden automatisch 50 µl Coelenterazin-Lösung (p.j.k. GmbH, Kleinbittersdorf, Deutschland) hinzugefügt, für 2 sek geschüttelt und innerhalb von 5 sek die Fluoreszenz gemessen.

Auf jeder Platte wurde kommerzielles Pferdeserum (AXA 29619®, Thermo Fisher Scientific, Waltham, USA) als Positivkontrolle mitgeführt, da dieses zuvor als anti-NPHV-NS3-Ak-positiv gemessen wurde. Als Negativkontrollen dienten Vertiefungen, die lediglich Puffer A, RUC-NPHV-NS3-Ag-Lysat, Ultralink Protein A/G Beads® (Pierce Biotechnology, Rockford, Illinois, USA) und Coelenterazin-Lösung (p.j.k. GmbH, Kleinbittersdorf, Deutschland) enthielten. Zur Bestimmung der Sensitivität und Spezifität der Messwerte wurde ein Grenzwert (*Cut-off*) errechnet, der sich aus dem Mittelwert plus der dreifachen Standardabweichung der Negativkontrollen ergab (BURBELO et al. 2012; PFAENDER et al. 2015). Eine Probe wurde als anti-NPHV-NS3-Ak-positiv gewertet, wenn der Mittelwert der gemessenen RLUs oberhalb des *Cut-off*-Wertes lag.

2.8 Nachweis von TDAV- und EPgV 1-RNA

Zum gleichzeitigen Nachweis von EPgV 1 und TDAV wurde eine quantitative, Sonden-basierte Multiplex Reverse Transkriptase PCR (TaqMan) durchgeführt. Für die PCR wurden die zuvor aus den Serum-, Nabelschnurblut-, Kolostrum- und Plazentaproben isolierten RNA verwendet. Das verwendete Kit *Superscript III One-Step RT-PCR-System* (Invitrogen, Thermo Fisher Scientific, Waltham, Massachusetts, USA) ermöglicht durch die enthaltene SuperScript® III Reverse Transcriptase die PCR von den RNA-Proben ohne vorherige cDNA Synthese. Zusätzlich stellte das Kit einen *Reaction Buffer* mit dNTPs und Magnesium Sulfat bereit sowie die Platinum® *Taq* DNA-Polymerase für die Amplifizierung der cDNA. Zur parallelen Untersuchung von EPgV 1 und TDAV wurden die Primer EVT-146 (Chandriani et al. 2013) und EPgV 1-314r (Postel et al. 2016) genutzt, die in der konservierten 5'-UTR beider Pegiviren binden. Die spezifischen Sonden jeweils für TDAV (TDAV-199 probe mit dem Farbstoff [TEX-BHQ2]) und EPgV 1 (WST-189 probe mit dem Farbstoff [6FAM-BHQ1]) (Postel et al. 2016) im Primer/Sonden-Mix ermöglichten die Unterscheidung zwischen den beiden Viren. In Tabelle 9 ist die Zusammensetzung eines Reaktionsansatzes und in Tabelle 10 das Temperaturprofil der Multiplex PCR dargestellt.

Tab. 9: Master Mix für die quantitative Multiplex PCR

2× Rxn Mix	12,5 µl
Primer-Sonden-Mix Primer: EVT-146 (10 µM) Primer: EPgV 1-314r (10 µM) Sonde: WST-189 probe (1,25 µM) Sonde: TDAV-199 probe (1,25 µM)	2,0 µl
SuperScript® III RT/ Platinum® Taq Mix	1,0 µl
H_2O	4,5 µl
Gesamtvolumen	20,0 µl + je 5 µl Probe (RNA)

Tab. 10: Thermoprofil der Multiplex qRT-PCR für EPgV 1 und TDAV

Schritt	Zyklen	Temperatur (° C)	Dauer
1. cDNA Synthese	1	5	30 min
2. Initiale Denaturierung	1	95	2 min
3. Amplifizierung	40		
• Denaturierung		94	15 sek
• Primer-Annealing		60	30 sek
• Elongation		68	30 sek

Die Multiplex PCR wurde mit dem Mx3005P qPCR System (Agilent Technologies, Santa Clara, Kalifornien, USA) durchgeführt.

Die Proben wurden zunächst im Einfachansatz ohne Standardreihe untersucht. Als Hintergrundfluoreszenz wurde die Fluoreszenz zwischen Zyklus 10 und 16 plus deren zehnfacher Standardabweichung definiert. Anschließend wurde mittels absoluter Quantifizierung die Viruslast in den positiven Proben im Doppelansatz mit Hilfe einer Verdünnungsreihe von 10^6 bis 1 Kopien/Reaktionsansatz (5 µl) bestimmt. Zu dem Zweck wurde Standard-RNA für eine Verdünnungsreihe generiert Dies erfolgte durch die *in vitro* Transkription des Plasmids pCR2.1 (TOPO-TA Klonierungskit, Invitrogen, Thermo Fisher Scientific, Waltham, USA), in das zuvor Zielsequenzen von TDAV bzw. EPgV 1 kloniert wurden (Postel et al. 2016). Durch den Einsatz eines Restriktions-Enzyms waren die Transkripte in dem RNA-Standard gleich lang und es war bekannt, wie viele Nukleotide das gesuchte Genomäquivalent in der Probe haben muss. So konnten die RNA-Moleküle im Standard anhand ihres Molekulargewichtes bestimmt und auf eine gerade Molekülzahl eingestellt werden. Anschließend wurden mit Hilfe der Standartkurve die RNA-Kopien/µl der Probe bestimmt.

2.9 Blutchemische Untersuchung

2.9.1 Untersuchung der vertikalen Transmission (Manuskript I)

Alle Serumproben der Stuten und Fohlen von den drei Zeitwerten (insgesamt 115 Proben) wurden auf Trockeneis an das Zentrallabor der Kleintierklinik der Veterinärmedizinischen Fakultät der Justus-Liebig-Universität Gießen verschickt. Dort wurde die Konzentration der Glutamat-Dehydrogenase (GLDH), Aspartat-Aminotransferase (AST) und Gamma-Glutamyl-Transferase (GGT) bestimmt. Die Ergebnisse sind im Anhang unter 10.5 aufgeführt.

2.9.2 Untersuchung der akut infizierten Fohlen (Manuskript II)

In allen Folgeblutproben der fünf Fohlen im Alter von ca. 6–13 Monaten wurde im Labor der Kleintierklinik der Tierärztlichen Hochschule Hannover die Konzentration der GLDH, AST und GGT bestimmt. Zur besseren Vergleichbarkeit der Blutproben dieser Pferde wurden nachträglich die bei –80° C asservierten Serumproben der ersten Studie zum Zeitpunkt der Geburt sowie drei und sechs Monate *post partum* ebenfalls in dem Labor der Tierärztlichen Hochschule Hannover untersucht. Die Ergebnisse sind in der Abbildung im Manuskript II dargestellt.

3 Manuskript I

Journal of General Virology (2016), **97**, 1–12 DOI 10.1099/jgv.0.000561

Vertical transmission of hepatitis C virus-like non-primate hepacivirus in horses

Theresa Gather,[1] Stephanie Walter,[2] Daniel Todt,[2] Stephanie Pfaender,[2] Richard J. P. Brown,[2] Alexander Postel,[3] Paul Becher,[3] Andreas Moritz,[4] Florian Hansmann,[5] Wolfgang Baumgaertner,[5] Karsten Feige,[1] Eike Steinmann[2] and Jessika-M. V. Cavalleri[1]

Correspondence
Eike Steinmann
eike.steinmann@twincore.de
Jessika-M. V. Cavalleri
Jessika.Cavalleri@tiho-hannover.de

[1]Clinic for Horses, University of Veterinary Medicine Hannover, Foundation, Bünteweg 9, 30559 Hannover, Germany

[2]Institute for Experimental Virology, TWINCORE Centre for Experimental and Clinical Infection Research, Feodor-Lynen-Str. 7, 30625 Hannover, Germany

[3]Department of Infectious Diseases, Institute for Virology, University of Veterinary Medicine Hannover, Foundation, Bünteweg 17, 30559 Hannover, Germany

[4]Small Animal Clinic, Department of Veterinary Clinical Sciences, Justus-Liebig-University, Frankfurter Straße 108, 35392 Giessen, Germany

[5]Department of Pathology, University of Veterinary Medicine Hannover, Foundation, Bünteweg 17, 30559 Hannover, Germany

Received 22 April 2016
Accepted 20 July 2016

Non-primate hepacivirus (NPHV), a recently discovered hepatotropic virus infecting horses, is phylogenetically the closest known homologue of hepatitis C virus (HCV). The main route for acquiring HCV infection in childhood is vertical transmission. However, nothing is known about the natural mode of transmission for NPHV. To investigate the possibility of vertically transmitted NPHV infection in horses, 20 Thoroughbred broodmares and their foals were monitored during foaling season 2015 until 6 months post-partum. Prepartal serum was taken from the mares, and during foaling umbilical cord blood and colostrum samples were collected. Postnatal serum samples were taken from the foals after delivery. In addition, serum was taken at 3 and 6 months after foaling from all mares and foals. Samples were analysed for the presence of NPHV RNA by quantitative real-time PCR and for the presence of anti-NPHV NS3 antibodies by luciferase immunoprecipitation system. Identified NPHV isolates were sequenced and phylogenetic analysis of the viral glycoproteins was used to track the course of naturally occurring infections and the circulation of distinct isolates within the herd. At parturition, 16 mares were seropositive, including four viraemic mares. Vertical transmission occurred in one of these four mare–foal pairs. Interestingly, NPHV isolates of newly infected foals and mares after 3 and 6 months cluster in their respective pasture herds suggesting another horizontal route of transmission.

INTRODUCTION

Non-primate hepacivirus (NPHV) is a hepatotropic equine virus, which was described for the first time in 2011 (Burbelo *et al.*, 2012; Kapoor *et al.*, 2011). NPHV was initially detected in respiratory samples of domestic dogs and was tentatively designated as canine hepacivirus (CHV) (Kapoor *et al.*, 2011). However, in subsequent investigations it became apparent that a majority of horses carried the virus (Burbelo *et al.*, 2012; Drexler *et al.*, 2013; Lyons *et al.*, 2012, 2014; Pfaender *et al.*, 2015). Consequently, the virus has been assigned to horses as the presumed natural host and was subsequently renamed as NPHV (Burbelo *et al.*, 2012; Kapoor *et al.*, 2011; Lyons *et al.*, 2012). Recently, several new members of the hepaciviruses have been identified in other mammalian species, including bats, rodents, non-human primates and cattle (Baechlein *et al.*, 2015; Corman *et al.*, 2015; Drexler *et al.*, 2013; Firth *et al.*, 2014; Kapoor *et al.*, 2013; Lauck *et al.*, 2013; Lyons *et al.*, 2014; Quan *et al.*, 2013; Scheel *et al.*, 2015). NPHV has been assigned to the family of *Flaviviridae* and to the genus *Hepacivirus*. To

Generated NPHV nearly full-length glycoprotein E1E2 sequences (1451 bp) are available in GenBank (accession numbers KX064762–KX064784).

date, it represents the closest known homologue of hepatitis C virus (HCV). NPHV has a high prevalence in horses with 2–7 % carrying NPHV RNA and 30–40 % seropositivity (Pfaender *et al.*, 2014;Burbelo *et al.*, 2012). Most studies report a subclinical course of infection with only mild elevation of liver enzymes at seroconversion in some affected horses (Lyons *et al.*, 2012; Pfaender *et al.*, 2015). Nevertheless, there have been reports about severe hepatitis in horses with concurrent detection of NPHV RNA, indicating NPHV may represent a potential causative agent for equine serum hepatitis (Ramsay *et al.*, 2015; Reuter *et al.*, 2014). In addition to NPHV, the equine pegivirus 1 (EPgV 1) and Theiler's disease-associated virus (TDAV) were identified in horses representing new related species of the *Flaviviridae* family within the genus *Pegivirus* (Chandriani *et al.*, 2013; Kapoor *et al.*, 2013; Postel *et al.*, 2016). The clinical relevance of both viruses remains unclear, although TDAV has been discovered in the context of an outbreak of equine serum hepatitis (Chandriani *et al.*, 2013). So far, for all three equine viruses, the natural route of transmission still remains elusive.

HCV is a blood-borne virus and transmission occurs mainly via the parenteral route (Alter, 2007). Nevertheless, alternative modes of transmission have been described to contribute to the spread of HCV. Among these, vertical transmission represents the leading route of acquiring a childhood HCV infection. Mother-to-child transmission (MTCT) occurs in 5 % of infected mothers and affects prepartally viraemic mothers with only few exceptions (Tovo *et al.*, 2016). Exact timing and mechanisms of MTCT are unclear, although intrauterine and intrapartum transfer of HCV has mainly been described (Mast *et al.*, 2005; Resti *et al.*, 1998; Tovo *et al.*, 2016).

This study aimed to investigate the incidence of vertical transmission of NPHV, TDAV and EPgV 1 in horses. Serum samples from 20 mare–foal pairs were taken at parturition as well as at 3 and 6 months post-partum and analysed for the presence of viral RNA of NPHV, TDAV and EPgV 1 as well as anti-CHV/NPHV NS3 antibodies. Identified NPHV isolates were sequenced to identify the circulation of certain isolates within a herd.

RESULTS

Vertical transmission of NPHV from mare to foal

In this study, we investigated the vertical transmission of NPHV from mare to foal. Therefore, 20 Thoroughbred broodmares and their foals were monitored before parturition until 6 months post-partum. Prepartal serum of the mares, umbilical cord blood, colostrum and postnatal serum of the foals was taken at the time of foaling. All collected samples were analysed for the presence of NPHV RNA by a quantitative SYBR Green based real-time PCR (qRT-PCR). As shown in Fig. 1, 4 out of 20 mares (3.0, 10.0, 18.0 and 19.0) carried NPHV RNA at parturition (Fig. 1, left panel). Of note, out of the four respective foals, foal 3.1 was NPHV RNA positive after birth (Fig. 1, right panel). In three other respective foals, no virus could be detected. In addition, anti-CHV/NPHV NS3 antibodies were determined by luciferase immunoprecipitation system (LIPS) revealing that 16 out of 20 mares were seropositive before parturition (Table 1). Analysis of the colostrum and umbilical cord blood of the seropositive mares revealed that all colostrum samples were seropositive for NPHV-specific antibodies (Table 1). However, umbilical cord blood samples were seronegative (Table 1), indicating passive transfer of anti from the mares to their foals via colostrum. Representative for the passive transfer in the 16 mare–foal pairs, anti-CHV/NPHV NS3 antibodies are illustrated for mare–foal pair 3, 10 and 19 in Fig. 2. For mare–foal pair 18, no colostrum and umbilical cord blood samples could be collected. Interestingly, for mare–foal pair 3, where NPHV RNA was postnatally detected in the foal 3.1, NPHV RNA was also detected in the umbilical cord blood (Fig. 2, upper left). In contrast, umbilical cord blood of pairs 10 and 19 were negative for NPHV RNA, as were all other umbilical cord blood samples (Table 1). A summary of the virological analysis of all 20 mare–foal pairs is displayed in Table 1. In conclusion, a case of vertical transmission from mare to foal could be identified for NPHV.

Maternal NPHV infection was incoherent from placentitis at parturition

Next to serum, colostrum and umbilical cord blood, placenta tissue samples were collected after physiological separation of the placenta. From mare 18.0, no placenta samples could be taken. The placenta represents a transient connective organ between the mare and its foetus during gestation. First, placenta samples were analysed by qRT-PCR revealing the absence of NPHV RNA in all tissue samples (data not shown). Next, histological analyses were conducted with most of the placenta samples being macroscopically and histologically unremarkable. In Fig. 3, histological pictures of the pregnant and non-pregnant horn of the placenta from the prepartally NPHV RNA-positive mares 3.0, 10.0 and 19.0 are illustrated. Placenta samples from mare 3.0 and 10.0 were histologically unremarkable (Fig. 3). However, in the pregnant horn of mare 19.0, a purulent and necrotizing placentitis (Fig. 3, lower right panel, marked with arrows) was diagnosed. In addition, placenta tissues of the remaining 16 mares were histologically investigated. Next to mare 19.0, another mare (15.0) had histological signs of placentitis in the pregnant horn (data not shown). Yet, at parturition mare 15.0 was NPHV RNA negative, whereas mare 19.0 was NPHV RNA positive (Table 1), thus prepartal viraemia in mares and the occurrence of placentitis at parturition were likely incoherent.

Course of NPHV infection in mares and foals

To monitor the course of infection, additional serum samples of all mares and foals were taken approximately 3 and 6 months after foaling. All samples were investigated for the

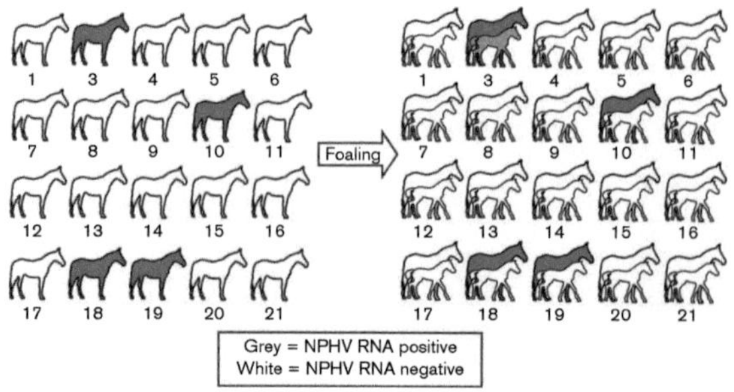

Fig. 1. Overview of the horse study cohort. Twenty Thoroughbred broodmares and their foals were monitored before foaling until 6 months post-partum. The mare–foal pairs are numbered from 1 to 21. Mare–foal pair 2 was excluded from the study. Serum was taken from the mare in the last week before foaling. Additionally, post-suckling serum from the foal was taken approximately 14 h post-partum. All samples were tested for the presence of NPHV RNA. Four out of the 20 mares (3.0, 10.0, 18.0 and 19.0) carried NPHV RNA at parturition as indicated by the grey filling. One of the respective foals (3.1) was also NPHV RNA positive after birth.

presence of NPHV RNA, anti-CHV/NPHV antibodies (Table 1) and liver-specific enzymes [γ-glutamyl transferase (GGT), glutamate dehydrogenase (GLDH) and aspartate amino transferase (AST)]. The course of NPHV infection as well as the related liver-specific enzyme activities for the four prepartally NPHV RNA-positive mares and their respective foals are shown in Fig. 4. Three of these initially viraemic mares (3.0, 10.0 and 19.0) also carried viral RNA in their follow-up serum samples 3 and 6 months post-partum (Fig. 4a, b, d). These three mares had higher viral loads compared to mare 18.0 that cleared the infection after foaling (Fig. 4c). All of the four mares were seropositive at all investigated time points. Foal 3.1 was NPHV RNA positive directly after birth and stayed viraemic for the whole monitored time period. In addition, anti-CHV/NPHV NS3 antibodies were detected at all three time points (Fig. 4a). Foal 10.1 was NPHV RNA negative at birth, but RNA positive at the age of 6 months. At this time point, no anti-CHV/NPHV NS3 antibodies were detected anymore in the serum of the foal (Fig. 4b). A similar course of infection was observed for foal 19.1 (Fig. 4d). Foal 18.1 was negative for NPHV RNA at all investigated time points (Fig. 4c). At all sampling time points, mares and foals were free of clinical signs that are associated with liver disease and liver-specific enzyme activities (GGT, GLDH and AST) were within the reference ranges (Fig. 4a–d, lower panels).

NPHV isolates cluster in their respective pasture herds

In Table 1, details on the status of NPHV RNA and anti-CHV/NPHV NS3 antibody for all mare–foal pairs at all tested time points are given (Table 1). Of note, seven foals were newly infected within the first 6 months of life (8.1, 9.1, 10.1, 16.1, 17.1, 19.1 and 21.1). Of these, foal 8.1, 16.1 and 21.1 were viraemic after 3 months, whereas the other four foals were NPHV RNA-positive after 6 months. Foal 21.1 got a plasma transfusion 1 day post-partum. Since the donor plasma was tested NPHV RNA positive (data not shown), this is the likely route of NPHV infection for this individual foal. Interestingly, for most of the foals being seropositive after birth, a marked decrease of maternal anti-CHV/NPHV NS3 antibodies was observed at the age of 6 months. In addition to new infections in foals, viral RNA was detected in two initially NPHV RNA-negative mares (8.0 and 16.0) within the following 6 months after foaling.

To track viral NPHV clusters in the horse cohort, phylogenetic analysis of sequences from the viral glycoprotein region (E1E2) were performed (no sequence was obtained for foal 21.1). As shown in Fig. 5, the identified isolates form three distinct clades. The isolates of mare–foal pair 3 cluster within one clade. Identical sequences were detected in the umbilical cord blood and the postnatal serum of foal 3.1, with only a few nucleotide exchanges compared to the isolate in maternal serum (Fig. 5). Isolates in the foal's serum differed between parturition and subsequent samples; however, in the follow-up samples 3 and 6 months post-partum, sequences were identical to those in the maternal serum (Fig. 5). Another cluster consists of the identified isolates from mare–foal pair 10 and foal 9.1, 6 months post-partum. The third cluster consists of NPHV isolates identified in mare–foal pair 16, 8 and 19 and foal 17.1. Sequences from identified NPHV isolates in the six newly RNA-positive foals cluster in the respective pasture groups of mare–foal pairs with similar isolates were

Table 1. Results for the detection of NPHV RNA and anti-CHV/NPHV NS3 antibodiesin serum, umbilical cord blood and colostrum samples

All collected samples were analysed for the presence of NPHV RNA and anti-CHV/NPHV NS3 antibody by qRT-PCR and LIPS, respectively. NPHV RNA titres are displayed as RNA copies ml^{-1} and NPHV RNA-negative samples as dash. Anti-CHV/NPHV NS3 antibody values are given as relative light units (RLU), whereas values above the cutoff are highlighted in grey.

Mare (X.0) Foal (X.1)	NPHV RNA (copies ml^{-1})					Anti-CHV/NPHV NS3 antibodies (RLU)				
	Parturition			3 months	6 months	Parturition			3 months	6 months
	Serum*†	Umbilical cord blood	Colostrum	Serum	Serum	Serum*†	Umbilical cord blood	Colostrum	Serum	Serum
1.0	–	–	–	–	–	1.58E+04	4.36E+03	1.12E+04	2.83E+04	8.39E+03
1.1	–			–	–	1.66E+04			7.88E+03	1.19E+04
2.0	No samples → mare–foal pair excluded					No samples → mare–foal pair excluded				
2.1										
3.0	1.06E+07	2.10E+06	–	1.55E+06	2.45E+05	5.84E+05	7.19E+03	8.91E+05	7.34E+05	9.99E+05
3.1	8.23E+06			2.66E+06	3.98E+06	5.49E+05			3.18E+05	6.45E+04
4.0	–	–	–	–	–	3.41E+05	9.75E+03	6.98E+05	3.75E+05	2.06E+05
4.1	–			–	–	4.47E+05			1.70E+05	1.65E+04
5.0	–	–	–	–	–	3.43E+05	5.02E+03	3.28E+05	3.48E+05	8.36E+05
5.1	–			–	–	4.79E+05			1.14E+05	2.41E+04
6.0	–	–	–	–	–	3.86E+05	8.59E+03	4.93E+05	2.08E+05	6.54E+04
6.1	–			–	–	2.01E+05			3.15E+04	1.31E+04
7.0	–	Sample excluded	–	–	–	1.64E+06	Sample excluded	2.04E+06	7.10E+05	2.25E+05
7.1	–			–	–	1.98E+06			1.71E+06	2.77E+05
8.0	–	–	–	–	7.71E+04	1.51E+05	7.85E+03	1.78E+05	1.25E+05	1.62E+06
8.1	–			9.42E+06	1.37E+07	1.54E+05			5.49E+04	1.46E+05
9.0	–	–	–	–	–	4.58E+05	7.35E+03	8.58E+05	7.47E+05	6.90E+05
9.1	–			–	3.14E+05	5.04E+05			2.62E+05	2.23E+04
10.0	3.86E+06	–	–	8.23E+06	2.23E+06	9.27E+05	6.68E+03	1.59E+06	1.83E+06	4.05E+04
10.1	–			–	4.45E+06	1.07E+06			1.01E+06	4.46E+03
11.0	–	–	–	–	–	1.63E+05	6.21E+03	8.87E+04	3.11E+05	2.73E+05
11.1	–			–	–	1.68E+05			7.08E+04	2.41E+04
12.0	–	–	–	–	–	4.96E+03	5.51E+03	7.91E+03	8.45E+03	6.57E+03
12.1	–			–	–	7.16E+03			1.11E+04	6.01E+03
13.0	–	–	–	–	–	4.81E+03	4.08E+03	1.60E+04	1.25E+04	4.83E+03
13.1	–			–	–	5.16E+03			5.42E+03	4.94E+03
14.0	–	–	–	–	–	5.41E+04	4.91E+03	8.24E+04	2.98E+05	1.27E+05
14.1	–			–	–	5.69E+04			4.48E+04	1.50E+04
15.0	–	–	–	No sample	–	8.25E+05	4.43E+03	1.74E+06	No sample	1.05E+06
15.1	–			Euthanized		1.14E+06			Euthanized	
16.0	–	–	–	1.37E+06	–	7.69E+05	1.60E+04	8.87E+05	4.18E+05	5.05E+05
16.1	–			1.73E+06	7.66E+06	6.02E+05			2.37E+05	5.33E+04
17.0	–	–	–	–	–	1.39E+04	5.36E+03	1.56E+04	9.77E+05	6.32E+05

Table 1. cont.

Mare (X.0) Foal (X.1)	NPHV RNA (copies ml^{-1})					Anti-CHV/NPHV NS3 antibodies (RLU)				
	Parturition			3 months	6 months	Parturition			3 months	6 months
	Serum*†	Umbilical cord blood	Colostrum	Serum	Serum	Serum*†	Umbilical cord blood	Colostrum	Serum	Serum
17.1	–	No samples		–	8.92E+06	1.14E+04	No samples		9.15E+03	7.14E+03
18.0	6.78E+04			–	–	1.05E+06			1.59E+06	1.11E+06
18.1	–			–	–	9.30E+05			5.80E+05	4.19E+04
19.0	6.36E+06	–	–	1.23E+05	1.42E+07	9.33E+05	1.12E+04	9.87E+05	2.20E+06	1.17E+06
19.1	–			–	8.96+06	9.56E+05			1.10E+06	2.19E+04
20.0	–	–	–	–	–	7.35E+04	1.01E+04	1.56E+05	1.10E+05	7.46E+05
20.1	–			–	–	4.74E+04			2.14E+04	1.33E+04
21.0	–	–	–	–	–	1.20E+05	1.14E+04	6.74E+05	2.66E+05	3.62E+05
21.1	–			1.49E+07	1.05E+06	8.04E+04			3.31E+04	1.42E+05

*Serum at parturition was taken from mares (X.0) in the last week before foaling.
†Serum at parturition was taken from foals (X.1) approximately 14 h postnatally.

identified in RNA-positive horses from the same herd. In summary, NPHV isolates of newly infected foals and mares after 3 and 6 months cluster in their respective pasture herds suggesting horizontal route of transmission.

Presence of EPgV1 in the study cohort, but absence of TDAV infection

All mares and foals in this study were also tested for the presence of EPgV 1 and TDAV RNA. Of note, no TDAV RNA was detected in any of the analysed samples. In contrast, prepartal EPgV 1 infection was detected in four mares (4.0, 15.0, 16.0 and 19.0) (Table 2), with concurrent detection of NPHV RNA and EPgV 1 RNA in mare 19.0. However, postnatal serum samples of their foals as well as umbilical cord blood, colostrum and placenta samples lacked the presence of EPgV 1 RNA. Co-infection in mare 19.0 with EPgV 1 and NPHV did not promote vertical infection of her foal with neither virus. Interestingly, two mares (15.0 and 16.0) cleared EPgV 1 infection within the monitored 6 months, but two mares (4.0 and 19.0) remained RNA positive at all three sampling dates. Two foals were subsequently infected with EPgV 1 within their first 6 months of life. Foal 19.1, from the persistently infected mare 19.0, was tested RNA positive at the age of 3 months and was still viraemic at the follow-up testing 3 months later. Another foal (7.1) was infected with 6 months of age and interestingly, low counts of viral RNA were also detected in the dam's serum at the same time (Table 2). In conclusion, no evidence of vertical transmission of EPgV 1 from four positive mares to their respective foals could be detected.

DISCUSSION

To the authors' knowledge, natural routes of NPHV transmission among horses have not been reported to date. In this study, we investigated a possible vertical transmission of NPHV infection by monitoring 20 Thoroughbred broodmares during foaling season 2015. We identified vertical transmission in one foal by detection of NPHV RNA in prepartal serum of the respective mare and importantly in umbilical cord blood as well as post-suckling serum of the respective foal taken 14 h post-partum. NPHV RNA could also be detected in three additional mares before foaling; however, no transmission of the viral RNA to their respective foals occurred. Future studies are required to confirm the occurrence and investigate the prevalence of vertically acquired NPHV infection in horses. Moreover, no vertical transmission and EPgV 1 could be observed.

NPHV is genetically closely related to HCV. Vertical transfer of HCV represents the primary route of acquiring HCV childhood infection. MTCT has almost exclusively been described in prepartally viraemic and seropositive mothers and occurs in 5 % of deliveries (Tovo *et al.*, 2016). However, the mechanism and exact time point of vertical transmission of HCV remain elusive. An intrauterine infection has

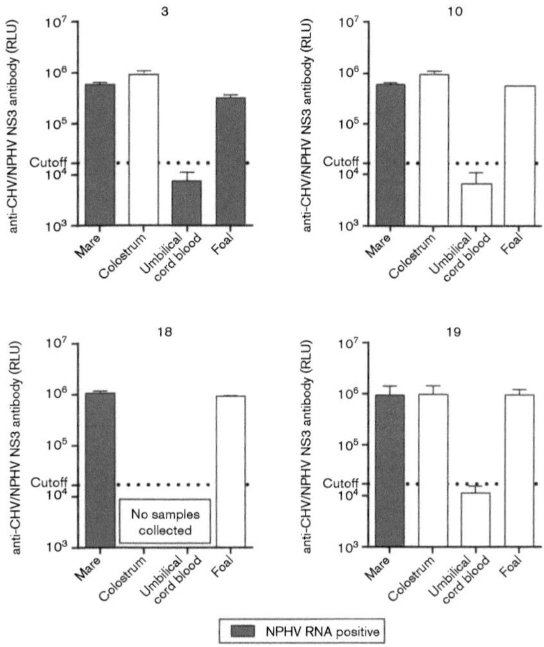

Fig. 2. Vertical transmission in one out of four prepartally viraemic mares. Prepartal serum samples from mares, colostrum, umbilical cord blood and post-suckling serum samples from foals were analysed for the presence of anti-NPHV/CHV NS3 antibodies as well as NPHV RNA by LIPS and qRT-PCR, respectively. Depicted are anti-CHV/NPHV NS3 antibodies as RLU measured in duplicates. The cutoff was determined by the mean value of the sample containing only buffer A, the Renilla-luciferase (RUC)-antigen and beads plus 3SD and is indicated by a dashed line. NPHV RNA-positive samples are indicated as grey-filled bars. Results of the four prepartally NPHV RNA-positive mares (mare–foal pairs 3, 10, 18 and 19) are shown.

been suggested by one study, which reported one-third of HCV infected children carrying HCV RNA within the first 3 days of life (Mok *et al.*, 2005). Additionally, a high maternal viraemia before delivery has been discussed as one potential risk factor for MTCT of HCV (Steininger *et al.*, 2003; Yeung *et al.*, 2001) and interestingly, the mare 3.0 in which vertical transmission of NPHV occurred also had the highest viral load of the four prepartally viraemic mares.

Of note, in contrast to the invasive haemochorial placentation in humans, the epitheliochorial equine placenta provides a highly developed placental barrier. Thus, equine maternal and foetal blood circulations are completely separated during gestation (Chucri *et al.*, 2010; Enders & Blankenship, 1999). Therefore in horses, umbilical cord blood can be understood as equivalent for pre-suckling serum of the foal. In the placenta of mare–foal pair 3, no NPHV RNA was detected and no signs of placentitis were seen at parturition indicating that vertical transmission of NPHV occurred without an infection and inflammation of the placental tissue itself.

In addition to viral RNA, all mare–foal pairs were tested for the presence of anti-CHV/NPHV NS3 antibodies. Transfer of NPHV-specific antibodies to the foal via colostrum could be shown in this study for all seropositive mares. This was expected, since the colostrum represents a known route of antibody transfer in horses, whereas the placental barrier hampers intrauterine transfer of macromolecules as immunoglobulins from the mare to its foetus (Chucri *et al.*, 2010;

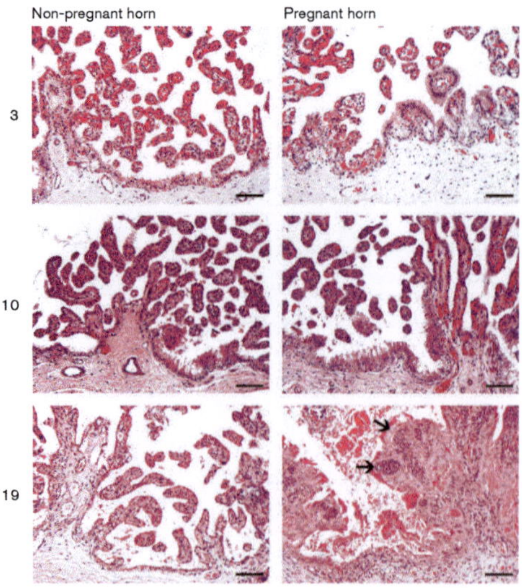

Fig. 3. Histopathology of placenta samples. Haematoxylin-and eosin-stained placenta samples originating from the pregnant and non-pregnant horn of the prepartally NPHV RNA-positive mares 3.0, 10.0 and 19.0. Arrows in the lower right panel indicate multifocal aggregates of inflammatory cells consisting of viable and degenerated neutrophils as well as degeneration and necrosis of placental epithelial cells in the pregnant horn of mare 19.0. Bars, 100 μm.

Jeffcott, 1972). Interestingly, the detection of maternal anti-CHV/NPHV NS3 antibodies in the foals decreased from the age of 3 months onwards, which might explain a higher susceptibility of the foals to an NPHV infection. Next to foal 3.1, another seven foals became NPHV RNA positive within their first 6 months of life. Of those, six foals received maternal anti-CHV/NPHV NS3 antibodies by passive transfer. However, the neutralizing properties of anti-NPHV antibodies still need to be investigated in future studies. Two of the foals (10.1 and 19.1) that were tested NPHV RNA positive after 6 months were born to the other two chronically infected mares (10.0 and 19.1).

To obtain a better understanding of the circulating NPHV isolates in the study cohort, all NPHV RNA-positive samples were sequenced for E1E2 and phylogenetically analysed. Interestingly, the NPHV isolates detected in foals 10.1 and 19.1 were similar to the respective isolate of their mother. Therefore, next to a horizontal mode of transmission, a vertically acquired infection with delayed viraemia cannot be excluded. Although, first infection studies reported the detection of viral RNA 1 week after experimental inoculation in both, adult and immunocompetent foals (Ramsay *et al.*, 2015), the incubation period for NPHV field infection remains unknown. Therefore more studies are required to investigate the course of natural infection, especially in the young horse.

Notably, identified sequences in postnatal serum and umbilical cord blood from the vertically infected foal 3.1 were identical. These sequences differed slightly from the isolates in the prepartal maternal serum that were again identical with follow-up serum samples from the mare and foal (Fig. 5). A potential explanation is a foetal bottleneck infection *in utero* or at parturition and a postnatal superinfection of the foal with the whole load of maternal quasispecies. Quasispecies are described for HCV as a group of similar but non-identical genetic viral variants in infected individuals, but still need to be verified for NPHV (Hoofnagle, 2002; Simmonds, 2004). Interestingly, a pattern similar to the transmission in our mare–foal pair 3 has been described for MTCT of HCV, with transfer of only a few maternal quasispecies variants to the infant (Indolfi *et al.*, 2013; Kudo *et al.*, 1997). The postnatal superinfection of foal 3.1 points to an alternative horizontal mode of NPHV transmission. This hypothesis is also supported by the

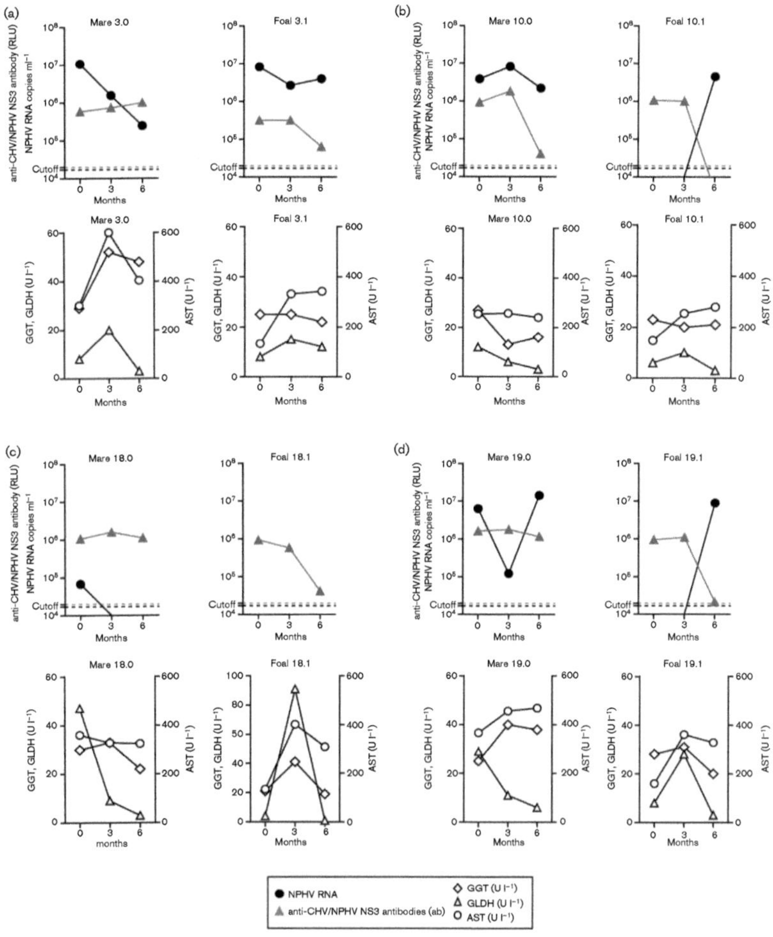

Fig. 4. Course of infection in four mare–foal pairs 3, 10, 18 and 19 over the monitored period of 6 months. At parturition as well as at 3 and 6 months, post-partum serum from each mare and foal was taken and analysed for the presence of anti-CHV/NPHV NS3 antibodies (grey triangle) and NPHV RNA (black bullet) by LIPS and qRT-PCR, respectively. The cutoff limit for the LIPS was determined as described before and is illustrated as grey dashed line. The detection limit of the qRT-PCR is depicted as black dashed line. For each mare and foal, liver-specific parameters (GLDH, GGT and AST) are shown at the three time points as unfilled symbols, with the following reference ranges set by the laboratory: GLDH <145 IU l^{-1}, GGT <140 IU l^{-1} and AST <800 IU l^{-1}. (a) Mare–foal pair 3, (b) mare–foal pair 10, (c) mare–foal pair 18 and (d) mare–foal pair 19.

distribution pattern of NPHV isolates in newly infected mares and foals. These cluster in the corresponding herds that pastured together during the monitored time period, indicating a horizontal route of field infection (Fig. 4). Each herd contained a persistently infected horse, representing a possible origin of infection. Further investigations are necessary to determine the routes of NPHV transmission. Arthropod-borne infection and medical treatment with contaminated blood products or instruments have been discussed (Burbelo *et al.*, 2012; Pfaender *et al.*, 2015; Postel *et al.*, 2016; Pybus & Thézé, 2015), but airborne or smear infection need to be taken into account as well.

In conclusion, this study provides for the first time evidence for a vertically acquired NPHV infection in a foal. Due to the high number of newly infected foals within their first months of life, another horizontal route of transmission seems likely.

METHODS

Animals. During foaling season 2015, 21 Thoroughbred broodmares between the ages of 6 and 18 years were monitored at a stud farm in Germany. In the following study, the mares are numbered from 1.0 to 21.0 and their respective foals from 1.1 to 21.1. The mares foaled between March and May 2015. For foaling and a subsequent period of 2–10 days, mares were kept in a separate stable. Until foaling they had daily access to pasture in groups of 2 to 7 horses, but after foaling mare–foal pairs had discrete grazing hours. A few days post-partum, mare–foal pairs were brought to different stables with fluctuating herds for daily grazing within the first 2 months. Afterwards, the pasture groups remained mainly in the same composition.

Samples. Mare–foal pairs were monitored around parturition until 1 day post-partum. At each sampling time point, a general examination of the mares and foals was performed. Prepartal serum was taken from mares in the last week before foaling as part of a routine blood check. During parturition, umbilical cord blood was collected. In addition, pre-

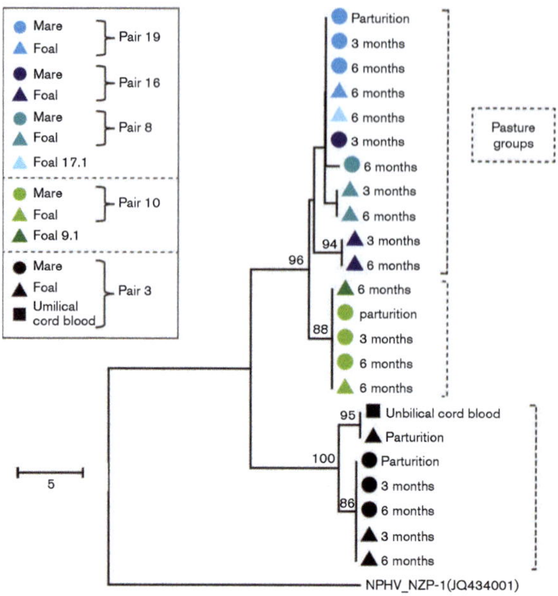

Fig. 5. Phylogenetic analysis of the NPHV E1E2 region. Nearly full-length viral glycoprotein E1E2 sequences (1451 bp) for all 23 identified NPHV isolates were aligned, and phylogenetic analysis was conducted using the number of differences method (Nei & Kumar, 2000) implemented in the neighbor-joining algorithm (Saitou & Nei, 1987). One thousand pseudo-replicate datasets were generated to estimate robustness of branching orders within the phylogeny (bootstrapping) (Felsenstein, 1985) with significant values (>70 %) shown on branches. All sequences are available in GenBank (accession numbers KX064762–KX064784). Branch lengths are relative to the scale bar and are in units of the number of base differences per sequence. Multiple sequence alignment and phylogenetic analysis were conducted using MEGA6 software (Tamura *et al.*, 2013). The herds in which the mares and foals were pastured together are marked with brackets in the tree.

Table 2. Detection of EPgV 1 RNA by qRT-PCR in four mare–foal pairs

All collected samples were analysed for the presence of EPgV 1 RNA by qRT-PCR. EPgV 1 RNA titres are shown as RNA copies ml^{-1} for the four RNA-positive mare–foal pairs and negative results are depicted as dash.

Mare (X.0) Foal (X.1)	EPgV 1 RNA (copies ml^{-1} serum) Time point		
	At parturition	3 months post-partum	6 months post-partum
4.0	1.64E+04	4.60E+04	3.49E+04
4.1	–	–	–
7.0	–	–	8.75E+01
7.1	–	–	2.12E+04
15.0	8.30E+01	No sample	–
15.1	–	Euthanized	Euthanized
16.0	6.78E+04	1.10E+04	–
16.1	–	–	–
19.0	2.59E+04	1.75E+04	3.19E+04
19.1	–	2.68E+04	1.09E+04

suckling colostrum samples were milked. Placenta samples (1×1 cm) originating from four locations (uterine body, uterine body in proximity to the cervix, pregnant horn and non-pregnant horn) were taken and stored at −20 °C and in 4 % buffered formalin, respectively. The formalin-fixed samples were transferred to 70 % ethanol after 48 h and embedded in blocks of paraffin within the following weeks. No prepartal blood could be drawn from mare 2.0, and therefore mare–foal pair 2 was excluded from the study. Post-suckling serum samples were taken from all foals approximately 14 h postnatum as part of a routine blood check. Three and six months after foaling, serum samples were taken from the mare–foal pairs with ethical approval by Lower Saxony's official authorities (LAVES file no. 15A 535). Serum and colostrum samples were immediately frozen at −20 °C for approximately 1 week before they were transferred to −80 °C until further analyses.

RNA extraction and cDNA synthesis. Viral RNA extraction from serum, umbilical cord blood and colostrum was performed using the High-Pure Viral RNA kit (Roche) according to the manufacturer's recommendations. For RNA extraction from placenta tissues, 40–200 mg of the frozen placenta was homogenized in 1 ml TRIzol (Invitrogen) with an Ultra-Turrax® T 25 rotor-stator tissue homogenizer (Ika, Laboratory Supply Network) and RNA extraction was conducted according to the manufacturer's instructions. For the SYBR Green based qRT-PCR, extracted RNA was transcribed into cDNA by applying the PrimeScript RTMaster Mix Kit (Takara) with random primers provided by the kit. All cDNA samples were stored at −20 °C until further analysis.

qRT-PCR of NPHV RNA. All cDNA samples were analysed in duplicates for the presence of NPHV RNA via quantitative real-time PCR (qRT-PCR). Therefore, SYBR Premix Ex Taq II (Takara) was utilized with NPHV-specific primers targeting the 5′-untranslated region (5′-UTR), which have been described before (Burbelo *et al.*, 2012). A standard curve for the quantification of RNA copies was assessed by serial dilution of a plasmid containing the NPHV 5′-UTR as described earlier (Pfaender *et al.*, 2015). Read-out was performed with a LightCycler 480 (Roche).

Multiplex qRT-PCR of TDAV RNA and EPgV1 RNA. Extracted RNA was analysed for the presence of TDAV RNA and EPgV 1 RNA by a probe-based multiplex real-time reverse transcription PCR (RT-PCR) with specific primers (EVT-146, EPgV-314r) and probes for EPgV 1 [WST-189 probe (6FAM-BHQ1)] and TDAV [TDAV-199 probe (TEX-BHQ2)] as described before. Dilution series of run-off transcribed RNAs were used as copy standards to determine the titres of pegivirus genomes (Postel *et al.*, 2016).

Histopathological examination of placenta samples. For histology, placenta tissue from four localizations (pregnant horn, non-pregnant horn, placental body and placental body close to cervix) was routinely processed in paraffin wax, cut at 3 µm thickness, and stained with haematoxylin and eosin.

Sequencing of NPHV-RNA-positive serum samples. Extracted RNA was transcribed into cDNA using the High Fidelity cDNA Synthesis kit (Roche) according to manufacturer's recommendations with 4 µl (100 µM) of the E1E2-specific primer A-O-hepaci-NS2 (5′-CAATATTCAAGCCACCATTAAC-3′). All cDNA samples were stored at −20 °C until further analysis. A nested PCR was performed with a T100 Thermal Cycler (Bio-Rad). For the outer PCR, primers A-O-hepaci-NS2 and S-O-EQ5UTRIAS (5′-CTGATAGGATGCTTGCGAGGGC-3′) have been utilized. Afterwards, a touchdown PCR was conducted as inner PCR with two sets of the following primers: F-3.1_S6M_NPHVseqVT (5′-ATCTTGTGCGGTTTGTGGA-3′) with R-3.1_S6M_NPHVseqVT (5′-AGCACAGACCTTAGCATCCAT-3′) and F-19.0_NPHVseqVT (5′-CTCTATTTTCTTACTGGCTCTGCT-3′) with R-19.0_NPHVseqVT (5′-AGCATCCATAAGTAAAAGGAGAAAGA-3′). The Platinum® *Taq* DNA Polymerase High Fidelity (Invitrogen) was used for all PCR reactions. Information about the thermal cycling parameters is available upon request. After amplification, the samples were loaded on an agarose gel and amplicons were purified using the NucleoSpin® Gel and PCR Clean-up kit (Macherey-Nagel). Sanger sequencing was performed in both directions (GATC Biotech AG) and a consensus sequence was generated for each amplicon. Multiple sequence alignments were generated for nearly full length of the E1E2 region (1451 bp) with MEGA6 software by MUSCLE alignment (Tamura *et al.*, 2013). Identified sequences are available in GenBank (GenBank accession numbers KX064762–KX064784).

LIPS. Serum and colostrum samples were analysed for the presence of anti-CHV/NPHV NS3 antibodies by the LIPS as described before (Burbelo *et al.*, 2012; Pfaender *et al.*, 2015). Relative light units (RLU) were measured with a plate luminometer (LB 960 Centro XS3; Berthold). A cutoff was determined by the mean value plus threefold SD of wells containing only buffer A, the Renilla-luciferase (RUC)-CHV helicase fusion protein and A/G beads.

Liver-specific enzymes in serum samples. Serum samples were analysed by the central laboratory of the small animal clinic at the Justus Liebig University of Veterinary Medicine in Gießen (Germany) for GLDH, GGT and AST. The following reference ranges were indicated by the laboratory: GLDH <145 IU l^{-1}, GGT <140 IU l^{-1} and AST <800 IU l^{-1}.

ACKNOWLEDGEMENTS

We are grateful to Stiftung Gestüt Fährhof, especially to Stefan Ullrich and David Sachs, for their great support of our study. We also thank Dr Peter D. Burbelo (National Institutes of Health, MD, USA) for providing the Renilla-luciferase-NS3 fusion plasmid and all the members of the Institute of Experimental Virology, Twincore, for helpful suggestions and discussions. We also thank Professor Dr Harald Sieme (Unit of Reproductive Medicine of the Clinics, University of Veterinary Medicine Hannover, Foundation, Germany) for helpful advices in preparation for the sampling period. We are also thankful to Anja Seemann-Jensen and Christiane Richter (Clinic for Horses, University of Veterinary Medicine Hannover, Foundation), Marion Gähle and Doris Walter (Institute of Anatomy, University of Veterinary Medicine Hannover, Foundation) and Hossein Naghilouy Hidaji for technical support. E. S. was supported by the Helmholtz Centre for Infection Research. W. B. and F. H. were in part supported by the European Union's Horizon 2020 research and innovation programme under grant agreement No. 643476 (COMPARE). T. G. received financial support from a stipend of the Clinic for Horses, University of Veterinary Medicine Hannover, Foundation, Germany.

REFERENCES

Alter, M. J. (2007). Epidemiology of hepatitis C virus infection. *World J Gastroenterol* **13**, 2436–2441.

Baechlein, C., Fischer, N., Grundhoff, A., Alawi, M., Indenbirken, D., Postel, A., Baron, A. L., Offinger, J., Becker, K. & other authors (2015). Identification of a novel hepacivirus in domestic cattle from Germany. *J Virol* **89**, 7007–7015.

Burbelo, P. D., Dubovi, E. J., Simmonds, P., Medina, J. L., Henriquez, J. A., Mishra, N., Wagner, J., Tokarz, R., Cullen, J. M. & other authors (2012). Serology-enabled discovery of genetically diverse hepaciviruses in a new host. *J Virol* **86**, 6171–6178.

Chandriani, S., Skewes-Cox, P., Zhong, W., Ganem, D. E., Divers, T. J., Van Blaricum, A. J., Tennant, B. C. & Kistler, A. L. (2013). Identification of a previously undescribed divergent virus from the Flaviviridae family in an outbreak of equine serum hepatitis. *Proc Natl Acad Sci U S A* **110**, E1407–E1415.

Chucri, T. M., Monteiro, J. M., Lima, A. R., Salvadori, M. L., Kfoury, J. R. & Miglino, M. A. (2010). A review of immune transfer by the placenta. *J Reprod Immunol* **87**, 14–20.

Corman, V. M., Grundhoff, A., Baechlein, C., Fischer, N., Gmyl, A., Wollny, R., Dei, D., Ritz, D., Binger, T. & other authors (2015). Highly divergent hepaciviruses from African cattle. *J Virol* **89**, 5876–5882.

Drexler, J. F., Corman, V. M., Müller, M. A., Lukashev, A. N., Gmyl, A., Coutard, B., Adam, A., Ritz, D., Leijten, L. M. & other authors (2013). Evidence for novel hepaciviruses in rodents. *PLoS Pathog* **9**, e1003438.

Enders, A. C. & Blankenship, T. N. (1999). Comparative placental structure. *Adv Drug Deliv Rev* **38**, 3–15.

Felsenstein, J. (1985). Confidence limits on phylogenies: an approach using the bootstrap. *Evolution* **39**, 783–791.

Firth, C., Bhat, M., Firth, M. A., Williams, S. H., Frye, M. J., Simmonds, P., Conte, J. M., Ng, J., Garcia, J. & other authors (2014). Detection of zoonotic pathogens and characterization of novel viruses carried by commensal Rattus norvegicus in New York City. *MBio* **5**, e01933–e01914.

Hoofnagle, J. H. (2002). Course and outcome of hepatitis C. *Hepatology* **36**, S21–29.

Indolfi, G., Azzari, C. & Resti, M. (2013). Perinatal transmission of hepatitis C virus. *J Pediatr* **163**, 1549–1552.

Jeffcott, L. B. (1972). Passive immunity and its transfer with special reference to the horse. *Biol Rev Camb Philos Soc* **47**, 439–464.

Kapoor, A., Simmonds, P., Gerold, G., Qaisar, N., Jain, K., Henriquez, J. A., Firth, C., Hirschberg, D. L., Rice, C. M. & other authors (2011). Characterization of a canine homolog of hepatitis C virus. *Proc Natl Acad Sci U S A* **108**, 11608–11613.

Kapoor, A., Simmonds, P., Scheel, T. K., Hjelle, B., Cullen, J. M., Burbelo, P. D., Chauhan, L. V., Duraisamy, R., Sanchez Leon, M. & other authors (2013). Identification of rodent homologs of hepatitis C virus and pegiviruses. *MBio* **4**, e00216–e00213.

Kudo, T., Yanase, Y., Ohshiro, M., Yamamoto, M., Morita, M., Shibata, M. & Morishima, T. (1997). Analysis of mother-to-infant transmission of hepatitis C virus: quasispecies nature and buoyant densities of maternal virus populations. *J Med Virol* **51**, 225–230.

Lauck, M., Sibley, S. D., Lara, J., Purdy, M. A., Khudyakov, Y., Hyeroba, D., Tumukunde, A., Weny, G., Switzer, W. M. & other authors (2013). A novel hepacivirus with an unusually long and intrinsically disordered NS5A protein in a wild Old World primate. *J Virol* **87**, 8971–8981.

Lyons, S., Kapoor, A., Sharp, C., Schneider, B. S., Wolfe, N. D., Culshaw, G., Corcoran, B., McGorum, B. C. & Simmonds, P. (2012). Nonprimate hepaciviruses in domestic horses, United kingdom. *Emerg Infect Dis* **18**, 1976–1982.

Lyons, S., Kapoor, A., Schneider, B. S., Wolfe, N. D., Culshaw, G., Corcoran, B., Durham, A. E., Burden, F., McGorum, B. C. & Simmonds, P. (2014). Viraemic frequencies and seroprevalence of non-primate hepacivirus and equine pegiviruses in horses and other mammalian species. *J Gen Virol* **95**, 1701–1711.

Mast, E. E., Hwang, L. Y., Seto, D. S., Nolte, F. S., Nainan, O. V., Wurtzel, H. & Alter, M. J. (2005). Risk factors for perinatal transmission of hepatitis C virus (HCV) and the natural history of HCV infection acquired in infancy. *J Infect Dis* **192**, 1880–1889.

Mok, J., Pembrey, L., Tovo, P. A., Newell, M. L. & European Paediatric Hepatitis C Virus Network (2005). When does mother to child transmission of hepatitis C virus occur? *Arch Dis Child Fetal Neonatal Ed* **90**, F156–F160.

Nei, M. & Kumar, S. (2000). *Molecular Evolution and Phylogenetics.* Oxford, UK. Oxford University Press.

Pfaender, S., Brown, R. J., Pietschmann, T. & Steinmann, E. (2014). Natural reservoirs for homologs of hepatitis C virus. *Emerg Microbes Infect* **3**, e21.

Pfaender, S., Cavalleri, J. M., Walter, S., Doerrbecker, J., Campana, B., Brown, R. J., Burbelo, P. D., Postel, A., Hahn, K. & other authors (2015). Clinical course of infection and viral tissue tropism of hepatitis C virus-like nonprimate hepaciviruses in horses. *Hepatology* **61**, 447–459.

Postel, A., Cavalleri, J. M., Pfaender, S., Walter, S., Steinmann, E., Fischer, N., Feige, K., Haas, L. & Becher, P. (2016). Frequent presence of hepaci and pegiviruses in commercial equine serum pools. *Vet Microbiol* **182**, 8–14.

Pybus, O. G. & Thézé, J. (2015). Hepacivirus cross-species transmission and the origins of the hepatitis C virus. *Curr Opin Virol* **16**, 1–7.

Quan, P. L., Firth, C., Conte, J. M., Williams, S. H., Zambrana-Torrelio, C. M., Anthony, S. J., Ellison, J. A., Gilbert, A. T., Kuzmin, I. V. & other authors (2013). Bats are a major natural reservoir for hepaciviruses and pegiviruses. *Proc Natl Acad Sci U S A* **110**, 8194–8199.

Ramsay, J. D., Evanoff, R., Wilkinson, T. E., Divers, T. J., Knowles, D. P. & Mealey, R. H. (2015). Experimental transmission of equine hepacivirus in horses as a model for hepatitis C virus. *Hepatology* **61**, 1533–1546.

Resti, M., Azzari, C., Mannelli, F., Moriondo, M., Novembre, E., de Martino, M. & Vierucci, A. (1998). Mother to child transmission of hepatitis C virus: prospective study of risk factors and timing of infection in children born to women seronegative for HIV-1. Tuscany study group on Hepatitis C virus infection. *BMJ* **317**, 437–441.

Reuter, G., Maza, N., Pankovics, P. & Boros, A. (2014). Non-primate hepacivirus infection with apparent hepatitis in a horse - Short communication. *Acta Vet Hung* **62**, 422–427.

Saitou, N. & Nei, M. (1987). The neighbor-joining method: a new method for reconstructing phylogenetic trees. *Mol Biol Evol* **4**, 406–425.

Scheel, T. K., Simmonds, P. & Kapoor, A. (2015). Surveying the global virome: identification and characterization of HCV-related animal hepaci-viruses. *Antiviral Res* **115**, 83–93.

Simmonds, P. (2004). Genetic diversity and evolution of hepatitis C virus–15 years on. *J Gen Virol* **85**, 3173–3188.

Steininger, C., Kundi, M., Jatzko, G., Kiss, H., Lischka, A. & Holzmann, H. (2003). Increased risk of mother-to-infant transmission of hepatitis C virus by intrapartum infantile exposure to maternal blood. *J Infect Dis* **187**, 345–351.

Tamura, K., Stecher, G., Peterson, D., Filipski, A. & Kumar, S. (2013). MEGA6: molecular evolutionary genetics analysis version 6.0. *Mol Biol Evol* **30**, 2725–2729.

Tovo, P. A., Calitri, C., Scolfaro, C., Gabiano, C. & Garazzino, S. (2016). Vertically acquired hepatitis C virus infection: correlates of transmission and disease progression. *World J Gastroenterol* **22**, 1382–1392.

Yeung, L. T., King, S. M. & Roberts, E. A. (2001). Mother-to-infant transmission of hepatitis C virus. *Hepatology* **34**, 223–229.

4 Manuskript II

Gather *et al. Vet Res (2016) 47:97*
DOI 10.1186/s13567-016-0381-6

VETERINARY RESEARCH

SHORT REPORT

Open Access

Acute and chronic infections with nonprimate hepacivirus in young horses

Theresa Gather[1], Stephanie Walter[2], Stephanie Pfaender[2], Daniel Todt[2], Karsten Feige[1], Eike Steinmann[2*] and Jessika M. V. Cavalleri[1*]

Abstract

The recently discovered nonprimate hepacivirus (NPHV) naturally infects horses and is the closest known homolog of hepatitis C virus to date. Within a follow-up study acute field infections were monitored in four young Thoroughbred horses until the ages of 12–13 months. Serum samples were analyzed for the presence of NPHV RNA and anti-NPHV NS3 antibodies and liver specific parameters were evaluated. The four young horses were not able to clear infection, but remained chronically infected for the entire monitored time period despite the presence of NPHV specific antibodies.

Introduction

Nonprimate hepacivirus (NPHV) was described to infect horses in several countries worldwide and represents a new member within the family *Flaviviridae*, genus *Hepacivirus* [1, 2]. Among all hepaciviruses, NPHV is the closest known homolog of hepatitis C virus (HCV) to date. HCV is a major human pathogen with approximately 146 million people infected worldwide [3]. In 75–85% of acutely infected patients progression to chronic disease occurs, which can lead to hepatic fibrosis, cirrhosis and carcinoma [4]. In recent years, similar as well as distinct features between HCV and NPHV have been described. NPHV is highly prevalent in horses with 30–40% seropositivity and 3% viremia [1, 5–10]. However, disease association remains uncertain although several studies reported subclinical hepatitis in infected horses. A mild elevation of serum liver enzymes was observed at seroconversion in some affected horses, although in most horses serum liver enzymes remained within the reference range [7, 11, 12]. Single reports exist about NPHV infected horses suffering from severe hepatitis. Yet, a causative relationship still needs to be confirmed [12, 13]. Comparable to HCV infection, hepatotropism has been confirmed for NPHV [11, 14]. Nevertheless, the routes of NPHV transmission remain mostly unclear. Similar to HCV a parenteral infection route via direct blood–blood contact has been described in horses by experimental inoculation with infectious plasma containing NPHV [12]. In a recent study, we investigated twenty mare-foal pairs at parturition until 6 months postpartum and could show the occurrence of vertical transmission of NPHV at parturition [15]. Moreover, we observed transmission of NPHV isolates within the respective pasture herds indicating the possibility of a direct transmission between horses. Interestingly, we could show that several foals became viremic within the first 6 months of life [15]. To shed some light on the course of naturally acquired NPHV infection of the young horses, we aimed to perform a follow-up study by monitoring four foals (foal # 9, # 10, # 17 and # 19) until the age of 12–13 months.

Materials, methods and results

Blood samples were taken from these four foals at indicated time points (Figure 1; Table 1). All samples were obtained with full owner consent as part of routine health management. Additionally, a general examination of the foals was conducted at all investigated time points. Next, sera was analyzed for the presence of NPHV RNA and anti-NPHV NS3 antibodies by a SYBR Green

*Correspondence: Eike.Steinmann@twincore.de; Jessika.Cavalleri@tiho-hannover.de
[1] Clinic for Horses, University of Veterinary Medicine Hannover, Foundation, Bünteweg 9, 30559 Hannover, Germany
[2] Institute for Experimental Virology, TWINCORE Centre for Experimental and Clinical Infection Research, Feodor-Lynen-Str. 7, 30625 Hannover, Germany

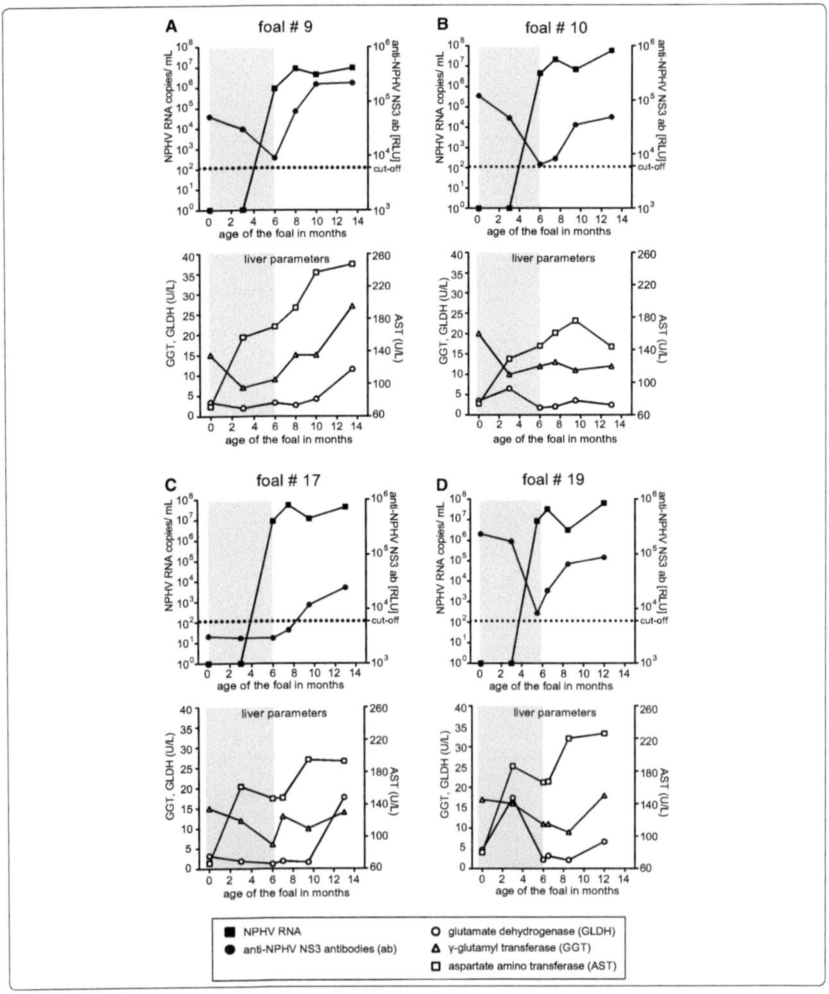
A
foal # 9
B
foal # 10
C
foal # 17
D
foal # 19
NPHV RNA copies/ mL
anti-NPHV NS3 ab [RLU]
cut-off
age of the foal in months
liver parameters
GGT, GLDH (U/L)
AST (U/L)
NPHV RNA
anti-NPHV NS3 antibodies (ab)
glutamate dehydrogenase (GLDH)
γ-glutamyl transferase (GGT)
aspartate amino transferase (AST)

(See figure on previous page.)
Figure 1 Course of infection in the four foals # 9, # 10, # 17 and # 19 from parturition until the ages of approximately 13 months. Serum samples from the first three sampling time points (at parturition and at the ages of 3 and 6 months are derived from a previous study (marked with a grey background) [15]. Until the ages of 12–13 months these foals were further monitored within this follow-up study and serum was taken at three additional time points. All serum samples were analyzed for the presence of anti-NPHV NS3 antibodies (ab) (*grey bullet*) and NPHV RNA (*black square*) by LIPS and qRT-PCR, respectively. The cut-off limit for the LIPS was determined by the mean value of wells containing only buffer A, the RUC-NS3 fusion protein and A/G beads plus three standard deviations and is illustrated as dashed line. In the lower panels, liver specific parameters (GLDH, GGT and AST) are shown for each foal at the three follow-up time points as unfilled symbols, with the following reference ranges set by the laboratory: GLDH < 6 U/L, GGT < 20 U/L and AST < 170 U/L. (**A**) Foal # 9, (**B**) foal # 10, (**C**) foal # 17 and (**D**) foal # 19.

Table 1 Raw values of NPHV RNA and anti-NPHV NS3 antibodies of the acutely infected foals

Follow-ups samples	Sample # I	Sample # II	Sample # III
Foal # 9			
Age in months	8	10	13.5
Anti-NPHV NS3 ab (RLU)	*6.57E + 04*	*2.06E + 05*	*2.18E + 05*
NPHV RNA (copies/mL)	8.67E + 06	4.45E + 06	9.27E + 06
Foal # 10			
Age in months	7.5	9.5	13
Anti-NPHV NS3 ab (RLU)	*8.19E + 03*	*3.50E + 04*	*4.86E + 04*
NPHV RNA (copies/mL)	2.15E + 07	6.88E + 06	5.81E + 07
Foal # 17			
Age in months	7	9.5	13
Anti- PHV NS3 ab (RLU)	4.07E + 03	*1.17E + 04*	*2.43E + 04*
NPHV RNA (copies/mL)	5.44E + 07	1.20E + 07	4.36E + 07
Foal # 19			
Age in months	6.5	8.5	12
Anti-NPHV NS3 ab (RLU)	*2.12E + 04*	*6.45E + 04*	*8.68E + 04*
NPHV RNA (copies/mL)	3.25E + 07	3.17E + 06	6.44E + 07

All collected follow-up serum samples were analyzed for the presence of NPHV RNA and anti-NPHV NS3 antibodies (ab) by qRT-PCR and LIPS, respectively. NPHV RNA titers are displayed as RNA copies/mL. Anti-NPHV NS3 ab values are given as RLU, whereas values above the cut-off are highlighted in italic numbers.

based quantitative real-time PCR (qRT-PCR) and luciferase immunoprecipitation assay (LIPS), respectively, as described earlier [1, 11, 15]. As shown in Figure 1, NPHV RNA was detected in the serum of all foals 6 months after birth. From the initial virus detection onwards the four acutely infected young horses remained viremic with high viral loads during the entire monitored 7 months and none of them eliminated the virus until the last sampling at the age of 12–13 months (Figure 1A–D). For the foals # 9, # 10 and # 19 anti-NPHV NS3 antibodies were detected at the time point of birth, decreased until 6 months postpartum below or close to the cut-off of the assay and NPHV specific antibodies appeared again after NPHV RNA was detected in the serum (Figure 1A, B and D). Of note, foal # 17 was the only foal not receiving maternal anti-NPHV NS3 antibodies after foaling and became newly infected at a similar age as the remaining foals and production of anti-NPHV NS3 antibodies was observed from the age of 10 months onwards (Figure 1C). In Table 1 details on the NPHV RNA and anti-NPHV NS3 antibody status of the follow-up samples of the four horses are given (Table 1).

To investigate the clinical relevance of NPHV infection for liver disease, the horses were clinically examined and blood was analyzed for the liver specific enzymes glutamate dehydrogenase (GLDH), γ-glutamyl-transferase (GGT) and aspartate aminotransferase (AST) in the laboratory of the small animal clinic at the University of Veterinary Medicine Hannover, Foundation. Results for each sampling time point are shown in Figure 1, lower panels. A mild elevation of liver enzymes was observed at the age of 12–13 months for foals # 9, # 17, and # 19. However, values of all other time points remained within the reference range and no clinical signs indicating liver disease were found at any sampling time point.

In conclusion, four acutely infected foals developed chronic infection and remained viremic with high viral loads during the entire monitored 7 months. Despite the presence of anti-NPHV NS3 antibodies, the four young horses were not able to clear the infection within the monitored time period.

Discussion

This study provides the first description of the clinical course of naturally acquired NPHV infection in young horses. This follow-up study was conducted in the context of a previous study investigating the occurrence of vertical transmission of NPHV in a horse cohort, where we monitored twenty Thoroughbred broodmares and their foals from parturition until 6 months after foaling [15]. Here, we monitored four of these foals for another 7 months. These foals became NPHV RNA positive at the age of 6 months and stayed viremic for another 7 months with the concurrent detection of anti-NPHV NS3 antibodies. The activity of liver specific enzymes increased in three foals at the ages of 12–13 months. The mild elevation of enzyme activity could indicate a subclinical hepatitis due to the persistent NPHV infection. For reliable diagnosis liver biopsies would be required, since the elevation of liver enzymes might have had an unrelated reason.

In a retrospective study Matsuu et al. also detected NPHV infections in 5 out of 7 young horses aged between 4 and 6 months and 2 years [16], supporting the time of infection in our foals. In three foals (foal # 9, # 10, and # 19) maternal anti-NPHV NS3 antibodies were detected after birth until three to 6 months postpartum (Figures 1A, B and D). One could speculate that after degradation of maternal antibodies, the foals are more susceptible to a NPHV infection. However, foal # 17 did not receive protection by maternal antibodies, yet it became infected at the same age as the three other foals. Moreover, it is not clear whether the maternal antibodies protect against a NPHV infection. So far, the course of infection for NPHV in young horses has only been described by Ramsay et al. who experimentally infected two foals at the age of 2–4 weeks and monitored them for more than 1 year post-infection [12]. These foals became viremic shortly after inoculation and remained persistently infected for the entire monitored 63 weeks. Anti-NPHV antibodies were detected from the age of approximately 8 weeks onwards and peaked 23 weeks post-infection. In the following weeks, the detection of antibodies decreased in parallel with the viral loads that sharply declined from 40 weeks post-infection onwards. Interestingly, in our study four naturally infected foals also remained persistently infected during the entire monitored time with high viral loads and were not able to clear the infection despite the presence of antibodies from the age of 7 to 9 months onwards. The reason for the inability of the four young horses to eliminate NPHV remains unclear. The development of the immune system of young horses is only partially understood. It is known, that the onset of the adaptive immune response is delayed and antibody responses of type IgG4, IgG7 and IgE as well as T cell and cytokine responses slowly evolve within the first year of life [17]. However, to understand the complex interaction of NPHV and the equine immune system, further research is required. It has been shown, that adult horses are often able to clear NPHV infection within 2 months after acute infection although persistently infected horses have also been described analogous to chronic HCV infection in humans [11, 12].

In conclusion, in four young horses the NPHV field infection progressed from acute to chronic infection. The four horses were not able to clear NPHV until the ages of 12–13 months despite the presence of antibodies for several months.

Abbreviations

AST: aspartate amino transferase; GGT: γ-glutamyl transferase; GLDH: glutamate dehydrogenase; HCV: hepatitis C virus; LIPS: luciferase immunoprecipitation system; NPHV: nonprimate hepacivirus; NS 3: nonstructural protein 3; RLU: relative light units; qRT-PCR: quantitative real-time polymerase chain reaction.

Competing interests

The authors declare that they have no competing interests.

Authors' contributions

All authors participated in the design of the study. TG conducted the experiments, analyzed the data and prepared the manuscript. SW, SP, DT, KF, ES and JMVC have revised the manuscript and coordinated the research. All authors read and approved the final manuscript.

Acknowledgements

We are grateful to Stiftung Gestüt Fährhof, especially to Stefan Ullrich and David Sachs, for their great support of our study. We also thank Peter D. Burbelo (NIH, Maryland, USA) for providing the Renilla-luciferase-NS3 fusion plasmid and all members of the Institute of Experimental Virology, Twincore, for helpful suggestions and discussions. We are also thankful to Anja Seemann-Jensen and Christiane Richter for technical support.

Funding

ES was supported by the Helmholtz Centre for Infection Research and TG received financial support from a stipend of the Clinic for Horses, University of Veterinary Medicine Hannover.

Received: 26 July 2016 Accepted: 2 September 2016
Published online: 22 September 2016

References

1. Burbelo PD, Dubovi EJ, Simmonds P, Medina JL, Henriquez JA, Mishra N, Wagner J, Tokarz R, Cullen JM, Iadarola MJ, Rice CM, Lipkin WI, Kapoor A (2012) Serology-enabled discovery of genetically diverse hepaciviruses in a new host. J Virol 86:6171–6178
2. Kapoor A, Simmonds P, Gerold G, Qaisar N, Jain K, Henriquez JA, Firth C, Hirschberg DL, Rice CM, Shields S, Lipkin WI (2011) Characterization of a canine homolog of hepatitis C virus. Proc Natl Acad Sci U S A 108:11608–11613
3. Global Burden of Disease Study C (2015) Global, regional, and national incidence, prevalence, and years lived with disability for 301 acute and chronic diseases and injuries in 188 countries, 1990–2013: a systematic analysis for the Global Burden of Disease Study 2013. Lancet 386:743–800
4. Hoofnagle JH (2002) Course and outcome of hepatitis C. Hepatology 36:S21–S29
5. Scheel TK, Simmonds P, Kapoor A (2015) Surveying the global virome: identification and characterization of HCV-related animal hepaciviruses. Antiviral Res 115:83–93
6. Lyons S, Kapoor A, Schneider BS, Wolfe ND, Culshaw G, Corcoran B, Durham AE, Burden F, McGorum BC, Simmonds P (2014) Viraemic frequencies and seroprevalence of non-primate hepacivirus and equine pegiviruses in horses and other mammalian species. J Gen Virol 95:1701–1711
7. Lyons S, Kapoor A, Sharp C, Schneider BS, Wolfe ND, Culshaw G, Corcoran B, McGorum BC, Simmonds P (2012) Nonprimate hepaciviruses in domestic horses, United Kingdom. Emerg Infect Dis 18:1976–1982
8. Drexler JF, Corman VM, Muller MA, Lukashev AN, Gmyl A, Coutard B, Adam A, Ritz D, Leijten LM, van Riel D, Kallies R, Klose SM, Gloza-Rausch F, Binger T, Annan A, Adu-Sarkodie Y, Oppong S, Bourgarel M, Rupp D, Hoffmann B, Schlegel M, Kummerer BM, Kruger DH, Schmidt-Chanasit J, Setien AA, Cottontail VM, Hemachudha T, Wacharapluesadee S, Osterrieder K, Bartenschlager R et al (2013) Evidence for novel hepaciviruses in rodents. PLoS Pathog 9:e1003438
9. Tanaka T, Kasai H, Yamashita A, Okuyama-Dobashi K, Yasumoto J, Maekawa S, Enomoto N, Okamoto T, Matsuura Y, Morimatsu M, Manabe N, Ochiai K, Yamashita K, Moriishi K (2014) Hallmarks of hepatitis C virus in equine hepacivirus. J Virol 88:13352–13366
10. Gemaque BS, de Souza JSA, do Carmo Pereira Soares M, Malheiros AP, Silva AL, Alves MM, Gomes-Gouvea MS, Pinho JR, de Ferreira Figueiredo H, Ribeiro DB, Souza da Silva J, Moraes LA, Ribeiro AS, Pereira WL (2014) Hepacivirus infection in domestic horses, Brazil, 2011–2013. Emerg Infect Dis 20:2180–2182

11. Pfaender S, Cavalleri JM, Walter S, Doerrbecker J, Campana B, Brown RJ, Burbelo PD, Postel A, Hahn K, Anggakusuma Riebesehl N, Baumgartner W, Becher P, Heim MH, Pietschmann T, Feige K, Steinmann E (2015) Clinical course of infection and viral tissue tropism of hepatitis C virus-like nonprimate hepaciviruses in horses. Hepatology 61:447–459
12. Ramsay JD, Evanoff R, Wilkinson TE Jr, Divers TJ, Knowles DP, Mealey RH (2015) Experimental transmission of equine hepacivirus in horses as a model for hepatitis C virus. Hepatology 61:1533–1546
13. Reuter G, Maza N, Pankovics P, Boros A (2014) Non-primate hepacivirus infection with apparent hepatitis in a horse—Short communication. Acta Vet Hung 62:422–427
14. Pfaender S, Brown RJ, Pietschmann T, Steinmann E (2014) Natural reservoirs for homologs of hepatitis C virus. Emerg Microbes Infect 3:e21
15. Gather T, Walter S, Todt D, Pfaender S, Brown RJP, Postel A, Becher P, Moritz A, Hansmann F, Baumgaertner W, Feige K, Steinmann E, Cavalleri JMV (2016) Vertical transmission of hepatitis C virus-like nonprimate hepacivirus in horses. J Gen Virol, in press
16. Matsuu A, Hobo S, Ando K, Sanekata T, Sato F, Endo Y, Amaya T, Osaki T, Horie M, Masatani T, Ozawa M, Tsukiyama-Kohara K (2015) Genetic and serological surveillance for non-primate hepacivirus in horses in Japan. Vet Microbiol 179:219–227
17. Perkins GA, Wagner B (2015) The development of equine immunity: current knowledge on immunology in the young horse. Equine Vet J 47:267–274

5 Nachweis von NPHV-RNA in Nasentupfern

Bei der letzten Untersuchung der Studie zur vertikalen Transmission waren die Fohlen #9, #10, #17 und #19 akut NPHV-infiziert und fielen bei der Allgemeinuntersuchung mit respiratorischen Symptomen auf. Alle vier Fohlen hatten verschärfte Atemgeräusche und Fohlen #17 und #19 ein geringgradig gestörtes Allgemeinbefinden mit purulentem Nasenausfluss und vergrößerten Mandibularlymphknoten. Zu diesem Zeitpunkt waren die Fohlen ca. 5–6 Monate alt.
Aus diesem Grund wurden im Rahmen von Folgeuntersuchungen im Alter von 5,5–7 Monaten zusätzliche Blutproben und Nasentupfer entnommen (Probe T0), sowie klinische Allgemeinuntersuchungen durchgeführt. In den Nasentupfern wurde zu diesem Zeitpunkt T0 mittels SYBR-Green PCR NPHV-RNA in den Nasentupfern von drei Fohlen (#10, #17 und #19) nachgewiesen. Im Nasentupfer von Fohlen #17 wurde auch in der Probe T1 einen Monat später im NPHV-RNA nachgewiesen (Tab. 11).
Da die Proben vom Zeitpunkt T0 bezüglich des Infektionsstatus der Fohlen keine Abweichung zu den anschließenden Proben zum Zeitpunkt T1 zeigen (Tab. 11), werden sie im Manuskript II nicht zusätzlich aufgeführt.

Tab. 11: Ergebnisse der anti-NPHV-NS3-Antikörper- und NPHV-RNA-Bestimmung in den Serumproben und den Nasentupfern von vier NPHV-infizierten Fohlen von den Probenzeitpunkten T0–T3. Die NPHV-RNA in Serum und Nasentupfern wurde mit SYBR-Green basierter qRT-PCR nachgewiesen und die Untersuchung des Serums auf anti-NPHV-NS3-Ak erfolgte mittels LIPS. Positive Proben sind grau hinterlegt und ein positive Antikörper-Status ist zusätzlich mit einem Plus markiert. Negative Proben sind für beide Nachweismethoden mit einem Minus gekennzeichnet und nicht untersuchte Proben sind mit n.g. (nicht getestet) beschriftet. Der mit Sternchen markierte Zeitwert T0 ist zusätzlich zu den Ergebnissen des Manuskriptes II aufgeführt.

	anti-NPHV-NS3-Ak				NPHV-RNA Serum: Kopien/ml Nasentupfer: Kopien/Tupfer			
Probe	T0*	T1	T2	T3	T0*	T1	T2	T3
Alter der Fohlen (Monate)	5,5–7	6,5–8	8,5–10	12–13,5	5,5–7	6,5–8	8,5–10	12–13,5
Fohlen #9								
Serum	+	+	+	+	3,13E+06	8,67E+06	4,45E+06	9,27E+06
Nasentupfer	n.g.	n.g.	n.g.	n.g.	–	–	–	n.g.
Fohlen #10								
Serum	+	+	+	+	4,22E+06	2,15E+07	6,88E+06	5,81E+07
Nasentupfer	n.g.	n.g.	n.g.	n.g.	1,27E+04	–	–	n.g.
Fohlen #17								
Serum	–	–	+	+	2,50E+07	5,44E+07	1,20E+07	4,36E+07
Nasentupfer	n.g.	n.g.	n.g.	n.g.	8,38E+03	8,56E+04	–	n.g.
Fohlen #19								
Serum	+	+	+	+	2,76E+07	3,25E+07	3,17E+06	6,44E+07
Nasentupfer	n.g.	n.g.	n.g.	n.g.	3,32E+04	–	–	n.g.

6 Übergreifende Diskussion

Seit der initialen Beschreibung des nicht-primaten Hepacivirus (NPHV) vor wenigen Jahren (Kapoor et al. 2011; Burbelo et al. 2012) gelang es noch nicht nachzuweisen, über welche Wege sich Pferde mit dem Virus infizieren können (Pybus u. Theze 2015). In der vorliegenden Arbeit konnte die vertikale Transmission des NPHV als Übertragungsweg einer Feldinfektion beim Pferd gezeigt werden.
Zum einen wurde virale RNA im präpartalen Blut der Mutterstute nachgewiesen und zum anderen im Nabelschnurblut sowie im Serum des Fohlens ca. 14 Stunden nach der Geburt. Dieser Nachweis von NPHV-RNA zeigte die vertikale Virustransmission vor oder während der Geburt bei einem Stuten-Fohlen-Paar.

Zusätzlich zu der NPHV-RNA wurden alle Proben bezüglich viraler RNA des Equinen Pegivirus 1 (EPgV 1) und des *Theiler's disease associated virus* (TDAV) untersucht. Virale RNA des EPgV 1 wurde präpartal im Serum von vier Stuten gefunden, allerdings war weder im Nabelschnurblut noch in den postnatalen Serumproben der Fohlen EPgV 1-RNA nachweisbar. Entsprechend konnte eine vertikale Transmission von EPgV 1 im Rahmen dieser Arbeit nicht gezeigt werden. Aufgrund der kleinen Pferdegruppe kann jedoch nicht ausgeschlossen werden, dass eine vertikale Übertragung von EPgV 1 möglich ist. Das TDAV wurde in keiner der Proben nachgewiesen, so dass mögliche Übertragungswege nicht untersucht werden konnten.
Die RNA des EPgV 1 wurde erstmalig von Kapoor et al. (2013a) beim Pferd beschrieben. Erste Untersuchungen zeigten eine weite Infektionsverbreitung bei Pferden, mit 66,5 % seropositiven und 3,7 % RNA-positiven Pferden in Groß-Britannien (Lyons et al. 2014) und 13,5 % RNA-positiven Pferden in Deutschland (Postel et al. 2016). Diese hohe Prävalenz lässt eine effiziente Transmission des Virus vermuten.
Das TDAV wurde bisher nur von Chandriani et al. (2013) im Kontext einiger Fälle von *Theiler's Disease* in den USA sowie kürzlich in gepoolten, kommerziellen Pferdeseren

für Zellkulturen gefunden (Postel et al. 2016). TDAV scheint also seltener beim Pferd vorzukommen als NPHV und EPgV 1. Im Rahmen dieser Studie kann eine vertikale Transmission für EPgV 1 und TDAV trotz der negativen Ergebnisse aufgrund der geringen Tierzahlen nicht ausgeschlossen werden.

Die Pferdegruppe zur Untersuchung der vertikalen Transmission von NPHV bestand nach Identifizierung der virämischen Stuten zum Zeitpunkt der Geburt aus vier Stuten-Fohlen-Paaren, wobei eine vertikale Infektion bei einem Fohlen nachgewiesen wurde. Eine statistische Auswertung bedarf der Untersuchung größerer Fallzahlen und wurde in der vorliegenden Studie nicht durchgeführt. Insofern ist im Rahmen dieser Arbeit keine Aussage bezüglich der Häufigkeit der vertikalen Transmission von NPHV möglich. Vielmehr liefert diese Untersuchung als Fallbeschreibung wertvolle erste Ergebnisse bezüglich der Frage, ob NPHV vertikal übertragbar ist. Zukünftige Studien müssen zeigen, ob die vertikale Transmission von NPHV regelmäßig auftritt oder ein Zufallsbefund bei dem Stuten-Fohlen-Paar dieser Studie war.
Obwohl die kleine Tierkohorte keine statistische Auswertung ermöglicht, ist es interessant, dass nicht alle vier virämischen Stuten das Virus an ihre Fohlen übertragen haben. Auch bei HCV, dem phylogenetisch nächsten Verwandten von NPHV, tritt die Mutter-Kind-Übertragung lediglich bei ca. 5 % der infizierten Mütter auf (Tovo et al. 2016). Dennoch stellt sie den Haupt-Infektionsweg von Kindern mit HCV dar und ist somit für die Virusausbreitung von großer Bedeutung (Arshad et al. 2011). Bis auf wenige Ausnahmen findet eine vertikale Transmission nur bei virämischen Müttern statt (Mast et al. 2005). Auch in der vorliegenden Arbeit fand die vertikale Virusübertragung von NPHV bei einer präpartal virämischen Stute statt. So wird für HCV ein hoher Virustitel *ante partum* als potenzieller Risikofaktor diskutiert (Yeung et al. 2001; Steininger et al. 2003), und Stute #3.0, bei der eine vertikale Transmission erfolgte, hatte im Vergleich zu den drei anderen präpartal virämischen Stuten den höchsten Virustiter. Die präpartale Viruslast der Stute könnte beispielsweise bei einer intrapartalen Infektion des Fohlens mit virushaltigem Blut der Stute von Bedeutung sein.

Humanmedizinische Studien bezüglich der Risikofaktoren der vertikalen Transmission von HCV liefern zum Teil kontroverse Ergebnisse, so dass der genaue Infektionszeitpunkt und Übertragungsweg unklar ist. In der Literatur wird beschrieben, dass die Mutter-Kind-Übertragung von HCV präpartal (intrauterin), intrapartal und postnatal erfolgen kann (Yeung et al. 2001; Ray et al. 2013). Die jeweiligen Transmissionsmechanismen sind allerdings noch unklar.

Als Infektionsquelle während der Geburt ist der Kontakt des Kindes zu virushaltigem Vaginalsekret oder Blut der Mutter denkbar. Obwohl bei 27 % der infizierten Mütter HCV im Vaginalsekret gefunden werden konnte, bleibt unklar ob die nachgewiesenen Viren infektiös sind (Mast et al. 2005). Steininger et al. (2003) zeigten, dass eine vaginale Entbindung per se kein höheres Infektionsrisiko für Neugeborene bedeutet, sondern vielmehr das Auftreten vaginaler und perinealer Lazerationen im Geburtsverlauf.

In der vorliegenden Arbeit deutet jedoch der Zeitpunkt des ersten Nachweises von NPHV beim vertikal infizierten Fohlen #3.1, der nur einige Stunden nach der Geburt erfolgte, nicht auf eine intrapartale, sondern auf eine intrauterine Infektion hin. Eine Infektion während oder kurz nach der Geburt hätte vermutlich keine derartig frühzeitige Virämie ausgelöst. In experimentellen Studien konnten Ramsay et al. (2015) sowohl bei adulten Pferden als auch bei 2–4 Wochen alten immunkompetenten Fohlen eine Woche nach der Infektion NPHV-RNA im Serum nachweisen.

Auch für HCV wird in einigen Studien der frühzeitige RNA Nachweis bis zum dritten Tag nach der Geburt als Indikator einer präpartalen Infektion gewertet, da die Inkubationszeit für HCV zwischen zwei Wochen und sechs Monaten liegt (Arshad et al. 2011). So wurde bei 36–46 % der Mutter-Kind-Übertragungen eine intrauterine Infektion beschrieben (Resti et al. 1998; Mok et al. 2005). Allerdings muss für die HCV-Diagnostik bei Neugeborenen berücksichtigt werden, dass für einen HCV-RNA-Nachweis im Blut direkt nach der Geburt eine geringe Sensitivität angegeben wird, die nach einem Monat deutlich ansteigt (Polywka et al. 2006; Arshad et al. 2011). Vermehrt falsch-negative PCR-Ergebnisse in frühzeitig postnatal entnommenen Blutproben wurden als Hinweis auf ein häufigeres Vorkommen intrapartaler Infektionen der Kinder diskutiert, da aufgrund der Inkubationszeit von HCV eine Virämie erst später nachweisbar ist (Gibb et al. 2000; Indolfi et al. 2013). Für HCV scheinen entsprechend dieser kontroversen Ergebnisse verschiedene Zeitpunkte der vertikalen Transmission vorzukommen.

Um den Zeitpunkt der Übertragung von NPHV zuverlässiger zu bestimmen, wurde in der vorliegenden Arbeit zusätzlich zum postnatalen Blut des Fohlens Nabelschnurblut aufgefangen und ebenfalls auf das Vorhandensein von NPHV-RNA und anti-NPHV-NS3-Ak untersucht. Im Nabelschnurblut des vertikal infizierten Fohlens #3.1 wurde NPHV-RNA nachgewiesen, wohingegen das Nabelschnurblut aller anderen Stuten-Fohlen-Paare NPHV-RNA-negativ war. Die epitheliochoriale Plazenta des Pferdes hat mit sechs Gewebeschichten eine sehr ausgeprägte Plazentaschranke, so dass die Blutkreisläufe von Stute und Fetus während der gesamten Trächtigkeit vollständig voneinander getrennt sind (Morresay 2011). Aus dem Grund kann das Nabelschnurblut beim Pferd als Äquivalent für postnatales Fohlenblut interpretiert werden, das zeitlich vor dem ersten Kontakt des Fohlens zum mütterlichen Euter gewonnen wurde. Das NPHV im Nabelschnurblut und postnatalen Serum des Fohlens wurde also in diesem Fall nicht postnatal über die Milch übertragen.
Für HCV zeigten Mast et al. (2005), dass bei 37,8 % der später HCV-negativen Kinder virale RNA im Nabelschnurblut sowie bei 7,4 % der Neugeborenen im postnatalen Serum nachweisbar war und interpretierten diese Ergebnisse als passive Kontamination des Blutes mit maternalem Virus. Dies zeigte sich auch in Ergebnissen von Mok et al. (2005), bei denen lediglich ein Drittel der postnatal RNA-positiven Kinder nach zwei Monaten noch Virusträger waren. In der vorliegenden Studie ist eine Kontamination des Nabelschnurblutes mit maternalem Blut während der Probenentnahme auszuschließen, da im untersuchten Nabelschnurblut der seropositiven Stuten keine anti-NPHV-NS3-Ak nachgewiesen wurden. Bei einer Kontamination der Probe mit virushaltigem Blut wäre der Nachweis von mütterlichen Antikörpern zu erwarten gewesen. Demnach kann davon ausgegangen werden, dass die Probe von Stuten-Fohlen-Paar #3 kein maternales Blut enthielt und die Virustransmission bereits vor der Probenentnahme stattfand.

Eine Kontamination des prä- und postnatalen Blutes des Kindes ist im Fall der humanen Plazenta eher zu erklären als beim Pferd. Die physiologische Ablösung der Plazenta verläuft bei Pferden aufgrund der nicht invasiven Plazentation ohne Gewebeverlust des mütterlichen Uterus und ist mit wenig Blutverlust verbunden. Der Mensch hat hingegen eine hämochoriale Plazenta. Das bedeutet, dass der invasive Trophoblast während der Plazentation Epithel, Bindegewebe und Endothel des Endometriums zerstört und dadurch mit seinen Chorionzotten direkten Kontakt zum mütterlichen Blut hat. Einerseits ist somit die Plazentaschranke dünner und ermöglicht beispielsweise den Übertritt mütterlicher Zellen ins fetale Blut (Tovo et al. 2016), andererseits ist die Plazentaablösung beim Menschen mit stärkeren Blutungen verbunden, da sie unter Abstoßung der oberflächlichen Schicht des Endometriums erfolgt (Schnorr u. Kressin 2006).

In der vorliegenden Arbeit wurden zur Bestätigung der vertikalen Transmission die NPHV-RNA-positiven Proben sequenziert und mittels phylogenetischer Analysen miteinander verglichen. Im Nabelschnurblut und postnatalen Serum des vertikal infizierten Fohlens wurden identische Virusvarianten nachgewiesen, die jedoch leichte Sequenzunterschiede zur Variante der Mutterstute zeigten (Manuskript I, Figur 5, phylogenetischer Stammbaum). Diese Ergebnisse lassen eine intrauterine Flaschenhals-Infektion (engl.: *bottleneck infection*) des Fetus mit einem Teil der maternalen NPHV-Quasispezies vermuten und sprechen ebenfalls gegen eine Kontamination der neonatalen Proben mit mütterlichem Blut während der Geburt. Unter Quasispezies versteht man das gleichzeitige Vorhandensein leicht unterschiedlicher genetischer Varianten eines ursprünglich infizierenden Virus innerhalb eines Wirtes (Ray et al. 2013). Für HCV wurde die Existenz von Quasispezies bereits wenige Jahre nach der Entdeckung des Virus beschrieben (Martell et al. 1992). Inzwischen ist die Bedeutung der genetischen Variabilität für die Etablierung persistierender Infektionen und dem Ausweichen einer Immunantwort bekannt (Domingo et al. 2012). Aufgrund der fehlerbehafteten RNA-Poylmerase und der hohen Replikationsraten hat HCV eine große genetische Varianz (Simmonds 2004). Bei der sogenannten Flaschenhals-Infektion werden nur wenige genetische

Varianten des Virus übertragen und bilden im neu infizierten Wirt wiederum einen neuen „Schwarm“ genetischer Varianten aus (Wang et al. 2010).
Neben HCV wurde dieses Phänomen der Flaschenhals-Infektion auch für andere vertikal übertragbare *Flaviviridae* beschrieben (Dow et al. 2015). So wird aus der Gattung der Pestiviren das Bovine Virus Diarrhoe Virus (BVDV) von infizierten Muttertieren an den Fetus weitergegeben (Lanyon et al. 2014).
In einigen Studien zur Mutter-Kind-Übertragung von HCV werden infizierte mononukleäre Zellen des peripheren Blutes (engl.: *Peripheral Blood Mononuclear Cell*, PBMC) als Virusträger bei eine intrauterine Flaschenhals-Infektion als sogenannte „Trojanisches Pferd Theorie“ diskutiert (Azzari et al. 2000). Dabei werden nur wenige mütterliche Quasispezies mit den infizierten PBMCs weitergegeben. Dies ist vergleichbar mit dem Stuten-Fohlen-Paar #3 dieser Studie. Für HCV wurde gezeigt, dass die übertragenen Varianten im Kind eine Infektion etablieren und sich neue Quasispezies entwickeln (Kudo et al. 1997; Indolfi et al. 2013). Zusätzlich konnte durch den Nachweis von mütterlichen Zellen im Blut von Neugeborenen bestätigt werden, dass die humane Plazenta für Zellen passierbar ist (Tovo et al. 2016). Aufgrund der stark ausgeprägten Plazentaschranke ist beim Pferd kaum denkbar, dass mütterliche Zellen in den fetalen Blutkreislauf übertreten können (Chucri et al. 2010). Allerdings wird ein postnataler Transfer maternaler Zellen über die Kolostrumaufnahme diskutiert (Flaminio u. Tallmadge 2011). Bei Kälbern, Lämmern und Ferkeln wurde der Übertritt mütterlicher Zellen in das neonatale Blut bereits nachgewiesen und beim Fohlen lieferten kürzlich Analysen der Zell- und Zytokin-Zusammensetzung im Kolostrum erste Hinweise dafür (Perkins et al. 2014; Perkins u. Wagner 2015). Beim Pferd werden im Gegensatz zum Menschen große Moleküle wie Antikörper nicht transplazentar, sondern postnatal über die Aufnahme des Kolostrums an das Fohlen übertragen (Chucri et al. 2010). Innerhalb der ersten 24 Stunden können die Antikörper über die Darmschranke mittels Pinozytose in den Blutkreislauf des Fohlens aufgenommen werden, wobei die Aufnahmefähigkeit in den ersten 12 Stunden *post natum* am größten ist (Knottenbelt et al. 2007).
Insgesamt konnte bei 80 % der Stuten präpartal anti-NPHV-NS3-Ak im Serum nachgewiesen werden, von denen vier Stuten (Stute #3.0, #10.0, #18.0 und #19.0)

zusätzlich NPHV-RNA-positiv waren. Vier Stuten waren sowohl RNA- als auch Antikörper-negativ. Wie erwartet waren alle untersuchten Kolostrumproben seropositiver Stuten anti-NPHV-NS3-Ak-positiv und im Serum der zugehörigen Fohlen konnten nach Kolostrumaufnahme ebenfalls anti-NPHV-NS3-Ak nachgewiesen werden. Die vier seronegativen Stuten hatten weder anti-NPHV-NS3-Ak im Kolostrum, noch wurden Antikörper im Serum ihrer Fohlen gefunden. Da ca. 14 Stunden nach der Geburt bei allen Fohlen mindestens 800 mg/dl IgG im Blut nachgewiesen wurden, war die Übertragung maternaler Antikörper bei allen Fohlen gewährleistet. Der Transfer von NPHV-Antikörpern erfolgte somit wie erwartet via Kolostrum und intestinaler Resorption des Fohlens.

Neben der intrauterinen Virustransmission wurde zusätzlich eine postnatale Übertragung von NPHV über das Kolostrum untersucht, indem die Kolostrumproben aller Stuten auf NPHV-RNA geprüft wurden. Alle Proben, inklusive denen der vier präpartal virämischen Stuten, waren NPHV-RNA-negativ. Auf Grund des hohen Gehaltes an Fett, Protein und Calcium im Probenmaterial muss eine potenzielle Maskierung viraler RNA oder Inhibition der PCR berücksichtigt werden (Radstrom et al. 2004). Allerdings war das verwendete *High-Pure Viral RNA Kit®* (Roche) entsprechend der Herstellerangaben für die RNA-Extraktion aus Milch geeignet. In Milchproben von HCV-infizierten Müttern konnte zwar virale RNA nachgewiesen werden, es ist jedoch unklar ob die isolierten Viren infektiös waren (Kumar u. Shahul 1998). In einer Studie von Pfaender et al. (2013) wurde gezeigt, dass antivirale Bestandteile in der humanen Milch die Lipidhülle von HCV beschädigen. So gilt Stillen mit Muttermilch nicht als Risikofaktor für eine postnatale Infektion, solange die Brustwarzen unverletzt sind (European Paediatric Hepatitis C Virus Network 2001; Mok et al. 2005; Arshad et al. 2011).

Die negative Kolostrumprobe der Stute #3.0 unterstützt zusätzlich zu dem bereits diskutierten Nachweis von NPHV-RNA im Nabelschnurblut und postnatalen Serum des Fohlens ebenfalls die Hypothese einer pränatalen Virustransmission.

Um die intrauterine Virusübertragung näher zu charakterisieren, wurden repräsentative Proben des Allantochorions gesammelt. Beim Pferd gibt es weitere

Virusinfektionen, die vertikal an das Fohlen übertragen werden können. Das equine Herpesvirus (EHV) und das Virus der equinen viralen Arteritis (EVA) führen primär über eine Schädigung der plazentaren Gefäße zu einer insuffizienten Plazentafunktion und so zur Schädigung der Frucht bis hin zum Abort (Coignoul u. Cheville 1984; Love u. Mair 2013). Zudem können entzündliche Veränderungen des Gewebes und die vermehrte Prostaglandin Ausschüttung zu einem Abort beitragen (Frazer 2004; Macpherson 2014). Die Abfohlung des Stuten-Fohlen-Paares #3, bei dem eine vertikale Übertragung von NPHV stattgefunden hat, erfolgte zum erwarteten Termin und sowohl Stute als auch Fohlen waren zum Zeitpunkt der Geburt allgemeingesund. Um dennoch eine Beteiligung der Plazenta bei der vertikalen Virusübertragung von NPHV zu untersuchen, wurden die gesammelten Plazentaproben der Stuten-Fohlen-Paare makroskopisch, pathohistologisch und auf das Vorhandensein von viraler RNA untersucht. Es konnte allerdings in keiner der Plazentaproben NPHV- und EPgV 1-RNA nachgewiesen werden. Die Plazenta des Stuten-Fohlen-Paares #3 war auch makroskopisch und histologisch unauffällig. Bei zwei anderen Stuten wurde pathohistologisch eine eitrig nekrotisierende Plazentitis diagnostiziert, wobei eine der Stuten NPHV- und EPgV 1-RNA-positiv und die andere Stute nur mit EPgV 1 infiziert war. Es fand jedoch bei keiner der beiden Stuten eine vertikale Virusübertragung statt. Im Fall der vertikalen NPHV-Infektion von Fohlen #3.1 bleibt unklar, ob die intrauterine Transmission ohne Infektion der Plazenta, beispielsweise zu einem früheren Zeitpunkt der Trächtigkeit, erfolgte. Für HCV wurde beschrieben, dass es in der Lage ist die Plazenta zu infizieren (Nie et al. 2012), allerdings ist die Bedeutung für die vertikale Transmission nicht bekannt. Für die vorliegende Studie muss berücksichtigt werden, dass das equine Allantochorion sehr groß ist und die Proben lediglich Ausschnitte daraus darstellen. Aus dem Grund wurde darauf geachtet, repräsentative Bereiche der jeweiligen Lokalisationen zu entnehmen. Dennoch kann eine fokale Infektion der Plazenta nicht ausgeschlossen werden.

Um zu überprüfen ob das vertikal infizierte Fohlen lediglich vorübergehend virämisch war oder eine anhaltende Infektion entwickelte, wurde der weitere Infektionsverlauf der Stute und des Fohlens nach drei und sechs Monaten überprüft. Wie zuvor erwähnt, ist

HCV-RNA oft nur temporär im Blut von Neugeborenen nach der Geburt nachweisbar und diese Kinder sind später nicht unbedingt HCV-infiziert (Mast et al. 2005; Mok et al. 2005). Als alternative Erklärung für die initial HCV-positiven Proben muss neben der bereits diskutierten Probenkontamination die spontane Viruselimination des Neugeborenen in Betracht gezogen werden. Diese wird sowohl bei parenteral als auch vertikal infizierten Kindern bis zum Alter von drei Jahren in 25–30 % der Fälle beobachtet (Arshad et al. 2011), also deutlich häufiger als beim Erwachsenen mit 15 % (Hoofnagle 1997). In der Humanmedizin gilt ein Kind nach den derzeitigen Leitlinien der *North American Society for Pediatric Gastroenterology, Hepatology and Nutrition* (NASPGHAN) als vertikal HCV-infiziert, wenn insgesamt zweimal im Abstand von sechs Monaten HCV-RNA nachgewiesen wird oder wenn nach 18 Monaten anti-HCV-Antikörper vorhanden sind, wobei der positive Antikörper-Test mittels PCR bestätigt werden muss (Mack et al. 2012). Diese Zeitangaben beruhen auf dem Abbau maternaler Antikörper, der bei den meisten Kindern innerhalb von 18 Monaten erfolgt (Pembrey et al. 2005), so dass ein positives Ergebnis auf eine aktive HCV-Infektion hinweist. Generell gilt eine HCV-Infektion als chronisch, wenn über mindestens sechs Monate virale RNA im Blut des Patienten nachweisbar ist. Danach wurde nur in Ausnahmefällen eine spontane Viruselimination beschrieben (Hoofnagle 2002).

Bemerkenswerterweise blieb das vertikal NPHV-infizierte Fohlen im Untersuchungszeitraum sowohl NPHV-RNA-positiv als auch anti-NPHV-NS3-Ak-positiv. Ebenso waren drei von vier präpartal virämischen Stuten (Stute #3.0, #10.0 und #19.0) persistierend infiziert, darunter die Mutterstute des vertikal infizierten Fohlens. Die vierte initial virämische Stute #18.0 eliminierte die Infektion in den ersten drei Monaten *post partum*, blieb aber seropositiv. Diese Stute hatte eine niedrigere Viruslast als die drei chronisch infizierten Stuten. Insgesamt waren also lediglich 15 % der Stuten über den gesamten Zeitraum chronisch infiziert waren. In verschiedenen Untersuchungen wurden bereits persistierende Infektionen für NPHV beschrieben, die allerdings nicht so häufig auftreten wie bei HCV (Lyons et al. 2014; Pfaender et al. 2015; Ramsay et al. 2015; Scheel et al. 2015a).

Im Laufe des Beobachtungszeitraumes von sechs Monaten wurden sieben weitere Fohlen (Fohlen #8.1, #9.1, #10.1, #16.1, #17.1, #19.1 und #21.1) und zwei Stuten (Stute #8.0 und #16.0) neu infiziert. Drei Fohlen (Fohlen #8.1, #16.1 und #21.1) wurden bis zum Alter von drei Monaten NPHV-RNA-positiv, die anderen vier Fohlen infizierten sich zwischen dem dritten und sechsten Lebensmonat.
Bezüglich der NPHV-spezifischen Antikörper muss bedacht werden, dass die protektiven Eigenschaften der anti-NPHV-Antikörper sowohl gegen homologe als auch gegen heterologe Reinfektionen noch unklar sind und der Nachweis von anti-NPHV-NS3-Ak keinen Schutz vor einer erneuten Infektion bedeuten muss. Für HCV ist bekannt, dass homologe und heterologe Reinfektionen beim Schimpansen zu einer erneuten Virämie führen, obwohl Antikörper gegen die NS3-Proteine von HCV nachgewiesen wurden (Farci et al. 1992). Dies wäre eine Erklärung dafür, dass Stute #16.0 nach drei Monaten und Stute #8.0 nach sechs Monaten virämisch wurden, obwohl jeweils drei Monate zuvor Antikörper gegen NPHV nachgewiesen werden konnten. Von den vier initial seronegativen Stuten serokonvertierte lediglich Stute #17.0, wobei zu keinem Zeitpunkt NPHV-RNA nachgewiesen werden konnte.

Bisher wurde noch nicht untersucht, wann passiv übertragene, maternale anti-NPHV-Antikörper beim Fohlen abgebaut werden. Alle initial Antikörper-positiven Fohlen zeigten eine deutliche Reduktion der anti-NPHV-NS3-Ak im Verlauf des Beobachtungszeitraumes von sechs Monaten *post partum* (exklusive Fohlen #21.1) und fünf Fohlen waren im Alter von sechs Monaten seronegativ. Die wahrscheinlichste Erklärung für diese Abnahme ist der Abbau der maternalen Antikörper. Die Halbwertszeit maternaler Antikörper beträgt beim Pferd abhängig vom IgG-Typ zwischen 18 und 32 Tagen (Knottenbelt et al. 2007; Perkins u. Wagner 2015). Des Weiteren wird in verschiedenen Studien eine erregerabhängige Halbwertszeit für maternale Antikörper beschrieben (Mccollum 1976; Van Maanen et al. 1992; Wilson et al. 2001). Insgesamt nimmt der passive Schutz über die maternalen Antikörper ab dem Alter von drei bis vier Monaten deutlich ab (Jeffcott 1972, 1975) und es liegt eine entsprechend erhöhte Empfänglichkeit der Fohlen für Infektionen vor. Wenn von einem protektiven Effekt der maternalen Antikörper gegen NPHV-Infektionen ausgegangen wird, erklärt dieser Verlauf die vermehrten NPHV-Infektionen der Fohlen nach sechs Monaten. Ein erhöhtes NPHV-Infektionsrisiko bei jungen Pferden im Alter zwischen 4–6 Monaten und 2 Jahren wurde auch von Matsuu et al. (2015) beschrieben.

Um den natürlichen Verlauf von NPHV-Infektionen bei Fohlen und Jungpferden näher zu untersuchen, wurden vier akut NPHV-infizierte Fohlen im Rahmen einer Folgestudie untersucht. Die vier Fohlen wurden im Alter von sechs Monaten erstmalig NPHV-RNA-positiv. Im Folgenden wurden sie bis zum Alter von 12–13 Monaten vier weitere Male untersucht und beprobt. Keines der Fohlen war in der Lage, das Virus in dieser Zeit zu eliminieren, obwohl bei allen Fohlen anti-NPHV-NS3-Ak nachweisbar waren. Ramsay et al. (2015) beschrieben bei experimentell infizierten 2–4 Wochen alten Fohlen einen ähnlichen Infektionsverlauf. Diese Fohlen wurden kurz nach der Inokulation virämisch und blieben für den gesamten Zeitraum der Studie über 63 Wochen RNA-positiv, obwohl ab der achten Woche Antikörper nachweisbar waren. Die Antikörper-Titer erreichten 23 Wochen nach der Infektion ihr Maximum und fielen dann parallel mit der Viruslast ab, die ab der 40. Woche *post infectionem* abnahm. Die vier natürlich infizierten Fohlen in der vorliegenden Arbeit hatten einen ähnlichen Infektionsverlauf, bei dem trotz der Produktion von anti-NPHV-NS3-Ak keine erfolgreiche Viruselimination stattfand.

Das Immunsystem von Fohlen und Jungpferden unterscheidet sich von dem adulter Pferde. Fohlen werden immunologisch naiv geboren und die zelluläre Immunität des adaptiven Immunsystems reift in den ersten sechs Monaten *post partum* (Knottenbelt et al. 2007). Neben der antikörper-abhängigen Immunantwort erfordert die Bekämpfung viraler Infektionen eine effektive zelluläre Immunantwort (Tizard 2013). Bei Fohlen ist die T-Zell- und Zytokin-Antwort in den ersten drei Monaten nach der Geburt vermindert und nimmt innerhalb eines Jahres zu (Perkins u. Wagner 2015). So sind kurz nach der Geburt lediglich geringe IFN-γ-Spiegel nachweisbar, die im Laufe des ersten Lebensjahres ansteigen (Breathnach et al. 2006). Die Bedeutung von T-Zellen und IFN-γ für die Immunabwehr von NPHV von bleibt bei Fohlen jedoch zu klären.

Für HCV ist bekannt, dass eine verminderte T-Zell Funktion im Zusammenhang mit chronischen Infektionen steht. Einerseits haben Versuche mit Schimpansen gezeigt, dass bei Verlust der T-Zell Funktion eine verlängerte Virämie besteht (Shoukry et al. 2003). Andererseits werden HCV-spezifische zytotoxische T-Zellen im Verlaufe einer chronischen HCV-Infektion dysfunktional, was unter Umständen auf beeinträchtigte T-Helferzellen zurückzuführen ist (Schulze Zur Wiesch et al. 2012; Knipe et al. 2013). Das HCV hat verschiedene Strategien, um einer Immunantwort des Wirtes zu entgehen (Gale u. Foy 2005). Als obligat intrazelluläres Pathogen können die HCV-Proteine neben ihren Funktionen bei der Replikation, der Bindung (*Attachment*) und dem Zusammenbau (*Assembly*) des Virus auch die intrazelluläre Induktion einer Immunantwort behindern. So spaltet beispielsweise die Serin-Protease des NS3-Proteins neben ihrer Funktion in der Virusreplikation, auch intrazelluläre Sensoren der Wirtszelle für virale RNA, die normalerweise eine Interferon-Produktion induzieren (Knipe et al. 2013). Für NPHV muss ein potenzieller Zusammenhang zwischen einer persistierenden Infektion beim Fohlen oder Jungpferd und einer unzureichenden Funktionalität einzelner Komponenten des Immunsystems in weiteren Untersuchungen geklärt werden.

Um die klinische Bedeutung der NPHV-Infektion für equine Lebererkrankungen näher zu charakterisieren, wurde zu allen Probenzeitpunkten klinische Allgemeinuntersuchungen durchgeführt und leberspezifischer Blutparameter bestimmt. Die infizierten Stuten und Fohlen zeigten in den ersten Monaten nach der Geburt keine Hinweise auf eine infektionsbedingte Lebererkrankung. Bei drei Fohlen, die im Alter von ca. sechs Monaten NPHV-positiv wurden, zeigte sich 6–7 Monaten später ein milder Anstieg der Leberparameter. Dies könnte auf eine subklinische Hepatitis aufgrund der persistierenden Infektion hindeuten. Eine zuverlässige Diagnose müsste mit Hilfe einer Leberbiopsie gestellt werden, da auch andere Ursachen für eine Leberschädigung denkbar sind. In bisherigen Studien konnte gezeigt werden, das NPHV primär subklinische Hepatitiden beim Pferd verursacht und pathohistologisch nachweisbare Leberschäden entstehen (Pfaender et al. 2015; Ramsay et al. 2015). Aufgrund ihres Regenerationspotenzials werden Leberschäden beim Pferd sehr lange kompensiert, bevor klinische Symptome auftreten (Durham et al. 2003; Barton 2004).

Abweichend von den erwarteten Symptomen einer Leberschädigung zeigten einige Fohlen Anzeichen einer respiratorischen Erkrankung, als sie im Alter von 5–6 Monaten akut NPHV-infiziert waren. Das NPHV wurde erstmalig im Respirationstrakt von Hunden beschrieben, die unter Atemwegserkrankungen litten (Bukh 2011; Kapoor et al. 2011). Des Weiteren wurde virale RNA im respiratorischen Epithel und tracheobronchialen Lymphknoten eines euthanasierten Pferdes nachgewiesen, wobei keine Anzeichen einer Virusreplikation vorlagen (Pfaender et al. 2015). Eine Atemwegssymptomatik mit gleichzeitiger akuter NPHV-Infektion bei Fohlen könnte demnach als Hinweis für eine unerwartete klinische Bedeutung von NPHV gewertet werden. Allerdings waren in einer Studie von Scheel et al. (2015a) Trachealspülproben NPHV-RNA-negativ und im Kontext der phylogenetisch engen Verwandtschaft zu HCV ist NPHV als Auslöser respiratorischer Erkrankungen nicht zu erwarten (Scheel et al. 2015b). Zudem waren die Fohlen in einem typischen Alter für verschiedene respiratorische Infektionserkrankungen (Giguere u. Prescott 1997; Allen 2004) und es wurden keine zusätzlichen Erregernachweise durchgeführt. Dementsprechend kann eine Koinfektion, beispielswiese mit dem EHV, nicht ausgeschlossen werden und ein Zusammenhang zwischen respiratorischer Erkrankung und NPHV-Infektion bleibt fraglich.

Um zirkulierende NPHV-Infektionen in den Herden der Stuten-Fohlen-Paare nachzuverfolgen und mögliche horizontale Übertragungswege zu identifizieren, wurden die NPHV-positiven Serumproben sequenziert. Bei den phylogenetischen Analysen fiel auf, dass bei den neu infizierten Pferden jeweils genetisch ähnliche NPHV-Varianten in den einzelnen Herden gefunden wurden. Die NPHV-Varianten aus den Folgeproben des vertikal infizierten Fohlens waren im Alter von drei und sechs Monaten identisch mit denen der Mutterstute, obwohl sich die Varianten zum Zeitpunkt der Geburt von denen der Mutter unterschieden. Diese Ergebnisse unterstützen zum einen die Theorie der intrauterinen Flaschenhals-Infektion des Fetus und zum anderen eine postnatale Superinfektion des Fohlens in den ersten drei Lebensmonaten mit den gesamten mütterlichen Quasispezies. Die Infektionsmuster in den Herden deuten zudem auf einen effizienten horizontalen Transmissionsweg zwischen den Pferden

hin, was wiederum die hohen Prävalenz equiner NPHV-Infektionen, insbesondere bei Vollblütern erklärt (Pfaender et al. 2015; Scheel et al. 2015b).
Verschiedene horizontale Übertragungswege sind für die Ausbreitung von NPHV denkbar. Es wird eine vektorvermittelte Transmission über Arthropoden diskutiert (Pybus u. Theze 2015), die eine effektive Übertragung vieler Viren der Familie *Flaviviridae* ermöglicht (Delcambre u. Long 2014). Eine effiziente Übertragung lediglich auf kurzer Flugdistanz würde die Gruppierung der NPHV-Varianten neu infizierter Pferde entsprechend ihrer Herdenzusammensetzung erklären.
Eine Infektion über kontaminierte veterinärmedizinische Produkte und Instrumente ist eine weitere Möglichkeit der Virusverbreitung. So wurde in verschiedenen Studien NPHV-RNA in kommerziellem Pferdeserum für Zellkulturen gefunden (Pfaender et al. 2015; Scheel et al. 2015a; Postel et al. 2016), allerdings waren die getesteten veterinärmedizinischen Produkte frei von Viruskontaminationen (Postel et al. 2016). Die iatrogene Transmission auf parenteralem Weg durch virushaltiges Blut bzw. Blutprodukte und kontaminierte Instrumente ist der Hauptinfektionsweg für HCV und führte im 19. Jahrhundert zu einer raschen Ausbreitung bestimmter Genotypen in westlichen Ländern (Simmonds 2013). NPHV-Infektionen beim Pferd sind jedoch mit einer Seroprävalenz von 30–40 % (Scheel et al. 2015b) deutlich weiter verbreitet als HCV mit einer Prävalenz von 2,2 % (Global Burden Of Hepatitis C Working Group 2004), so dass ein zusätzlicher Ausbreitungsweg für NPHV wahrscheinlich ist.
Eine weitere Möglichkeit ist die horizontale Virusübertragung von Pferd zu Pferd über direkten Kontakt. Im Rahmen der zweiten Studie konnte NPHV in Nasentupfern akut infizierter Fohlen nachgewiesen werden. Auch wenn Schmier- und Tröpfcheninfektionen einen unüblichen Übertragungsweg in der Familie der *Flaviviridae* darstellen, werden das Bovine Virus Diarrhoe Virus ebenso wie das klassische Schweinepestvirus sehr effizient über direkten Tierkontakt übertragen (Mayr u. Kaaden 2007). In einer Studie von Lyons et al. (2014) wurden direkte Stallpartner eines NPHV-RNA-positiven Pferdes im Laufe der Untersuchungen ebenfalls seropositiv und wie bereits erwähnt konnten Pfaender et al. (2015) NPHV im Respirationsepithel eines Pferdes nachweisen. Auch bei HCV-Infektionen wurde immer wieder virale RNA in diversen Körperflüssigkeiten gefunden (z.B. Speichel,

Tränenflüssigkeit, Nasensekret, Vaginalsekret und Sperma), ohne dass bisher ein infektiöses Potenzial gezeigt werden konnte (Tang et al. 1996; Mcmahon et al. 2004; Farias et al. 2010; Ray et al. 2013; Terrault et al. 2013). Der Grund für die fehlende Infektiosität der HCV-positiven Körperflüssigkeiten ist noch unklar. Der NPHV-RNA-Nachweis in den Nasentupfern kann in erster Linie als Hinweis auf einen potenziellen Ausscheidungsweg von NPHV betrachtet werden.

Zusammenfassend wurde mit Hilfe der vorliegenden Arbeit die vertikale Transmission als erster natürlicher Übertragungsweg von NPHV nachgewiesen. Das Vorkommen einer vertikalen EPgV 1-Infektion konnte nicht nachgewiesen werden, kann jedoch im Rahmen dieser Arbeit auch nicht ausgeschlossen werden. TDAV wurde in keiner der Proben nachgewiesen, somit konnten auch mögliche Übertragungswege nicht näher untersucht werden. Des Weiteren wurde der Infektionsverlauf von NPHV-infizierten Fohlen und Jungpferden näher charakterisiert, wobei vier untersuchte Fohlen nicht in der Lage waren NPHV innerhalb von 7 Monaten zu eliminieren. Mit Hilfe von phylogenetischen Analysen konnte gezeigt werden, dass die isolierten NPHV-Varianten innerhalb der einzelnen Pferdeherden zirkulieren und es vermutlich effiziente, horizontale Übertragungswege gibt.

Zukünftige Studien werden die Wiederholbarkeit und die Relevanz der vertikalen NPHV-Transmission untersuchen müssen, die für eine statistische Auswertung größere Fallzahlen benötigen. Des Weiteren muss die Bedeutung horizontaler Übertragungswege geklärt werden, beispielsweise im Rahmen einer experimentellen Schmierinfektion von Pferden mit dem Nasensekret virämischer Pferde.
Die Gründe, warum einige Pferde scheinbar empfänglicher für eine Infektion mit NPHV sind und andere Pferde wiederum das Virus eliminieren, bedarf weiterer Untersuchungen. Bei einer Infektion im juvenilen Alter muss gezeigt werden, ob ein höheres Risiko für persistierende Infektionen besteht und inwiefern diese, vergleichbar zu chronischen HCV-Infektionen, eine Leberschädigung verursachen kann.

7 Zusammenfassung

Theresa Gather

Übertragungswege und Infektionsverlauf des nicht-primaten Hepacivirus, des equinen Pegivirus 1 und des Theiler's Disease Associated Virus beim Pferd

Vor wenigen Jahren wurden neue pferdespezifische Viren der Familie *Flaviviridae* beschrieben. Infektionen mit dem nicht-primaten Hepacivirus (NPHV) und equinen Pegivirus 1 (EPgV 1) sind weit verbreitete Virusinfektionen bei Pferden, wohingegen das *Theiler's disease associated virus* (TDAV) bisher selten nachgewiesen wurde. NPHV repräsentiert den phylogenetisch nächsten Verwandten des Hepatitis-C-Virus (HCV) des Menschen. In ersten Studien wurde auch für NPHV ein Lebertropismus festgestellt und bei infizierten Pferden konnten subklinische Hepatitiden diagnostiziert werden. Die Pathogenese und Übertragungswege der neu beschriebenen Viren sind jedoch noch unklar.

Ziel der der vorliegenden Arbeit war es, potentielle Übertragungswege zu untersuchen, wobei der Schwerpunkt auf der vertikalen Transmission lag. Zu dem Zweck wurden 20 Vollblutstuten und ihre Fohlen während der Abfohlsaison 2015 untersucht. Den Stuten wurde in den letzten Tagen vor der Geburt Blut abgenommen und während den Geburten wurde Nabelschnurblut aufgefangen, die fetale Plazenta beprobt und eine Kolostrumprobe gewonnen. Den Fohlen wurde ca. 14 Stunden nach der Geburt Blut entnommen. Die Proben wurden mit Hilfe eines Luziferase-Immunpräzipitations-Systems und einer quantitativen Real-Time PCR auf das Vorhandensein von anti-NPHV-NS3-Antikörpern (Ak) und NPHV-RNA untersucht. Zusätzlich wurden die Proben mit einer quantitativen Multiplex RT-PCR bezüglich EPgV 1-RNA und TDAV-RNA untersucht. Um die klinische Bedeutung der Virusinfektionen zu charakterisieren, wurden leberspezifische Parameter bestimmt und klinische Allgemeinuntersuchungen durchgeführt.

Das TDAV konnte in keiner der Proben nachgewiesen werden, so dass mögliche Übertragungswege nicht näher untersucht werden konnten. Es waren jedoch vier der

Stuten präpartal EPgV 1-RNA-positiv. Da keines der Fohlen postnatal EPgV 1-RNA im Serum hatte, konnte die Möglichkeit der vertikalen Übertragung von EPgV 1 in dieser Studie weder bestätigt noch sicher ausgeschlossen werden.

Hingegen konnte eine vertikale Transmission für NPHV bei einem Stuten-Fohlen-Paar nachgewiesen werden. Insgesamt waren präpartal 80 % der Stuten anti-NPHV-NS3-Ak-positiv und bei vier der seropositiven Stuten konnte zusätzlich NPHV-RNA im Blut nachgewiesen werden. Eines der Fohlen hatte NPHV-RNA im postnatalen Serum und dieses Stuten-Fohlen-Paar war das einzige mit RNA-positivem Nabelschnurblut. Das Nabelschnurblut aller anderen Stuten-Fohlen-Paare war ebenso wie die am ersten Lebenstag entnommenen Blutproben der Fohlen NPHV-negativ. Der Zeitpunkt des Virusnachweises im Fohlenblut direkt nach der Geburt legt eine intrauterine Infektion des Fetus nahe. Eine Sequenzierung der im Serum- und Nabelschnurblut nachgewiesenen NPHV-RNA im E1/E2 Bereich des Genoms zeigte identische NPHV-Varianten im Blut des Fohlens und im Nabelschnurblut, die jedoch leichte Unterschiede zu der NPHV-Variante im maternalen Blut aufwiesen. Diese Ergebnisse lassen eine intrauterine Flaschenhals-Infektion des Fetus mit wenigen maternalen Quasispezies vermuten. Die Plazenta der Stute war äußerlich und in der pathohistologischen Untersuchung unauffällig, so dass eine Entzündung der Plazenta im Zusammenhang mit einer NPHV Infektion zum Zeitpunkt der Geburt und in der späten Trächtigkeit unwahrscheinlich ist. Die Übertragung der anti-NPHV-NS3-Ak von den Stuten an ihre Fohlen erfolgte über das Kolostrum, da das Nabelschnurblut der seropositiven Stuten Antikörper-negativ, das Serum der Fohlen nach Kolostrumaufnahme hingegen Antikörper-positiv war.

Im Rahmen von Folgeuntersuchungen wurden nach drei und sechs Monaten neue NPHV-Infektionen bei sieben Fohlen und zwei Stuten nachgewiesen. Drei der initial virämischen Stuten sowie das vertikal infizierte Fohlen waren während des gesamten Studienverlaufs von sechs Monaten persistent infiziert. Die Sequenzierung und phylogenetische Analyse der viralen RNA zeigte, dass NPHV-Varianten innerhalb der einzelnen Stuten-Fohlen-Herden zirkulierten. Diese Ergebnisse und die weite

Verbreitung der NPHV-Infektionen lassen eine effektive horizontale Übertragung des Virus vermuten.

Da bei vier Fohlen sechs Monate nach der Geburt eine akute NPHV-Infektion festgestellt wurde, wurden diese Fohlen im Rahmen einer Folgestudie bis zum Alter von 12–13 Monaten weiter untersucht. Ein erster Hinweis auf einen potentiellen Ausscheidungsweg ist der Nachweis von NPHV-RNA in Nasentupfern bei drei der akut infizierten Fohlen. Keines der vier Fohlen war in der Lage, das Virus im untersuchten Zeitraum zu eliminieren, obwohl im Verlauf der Infektion anti-NPHV-NS3-Ak nachgewiesen werden konnten.

Zusammenfassend wurde in der vorliegenden Arbeit erstmalig eine vertikale Transmission von NPHV nachgewiesen. Zudem wurden erste Hinweise auf einen horizontalen Übertragungsweg über direkten Kontakt gefunden. Eine vertikale Infektion konnte für das EPgV 1 hingegen nicht gezeigt werden und TDAV-RNA wurde bei keinem der Pferde gefunden. In zukünftigen Studien muss einerseits das Vorkommen und die Relevanz der vertikalen NPHV-Transmission mit größeren Fallzahlen bestätigt werden. Andererseits sind weitere Studien notwendig, um horizontale Übertragungswege, beispielsweise über den direkten Kontakt, zu untersuchen.

8 Summary

Theresa Gather

Routes of transmission and course of infection of the nonprimate Hepacivirus, the equine Pegivirus 1 and the Theiler's Disease Associated Virus in horses

In recent years several new equine viruses within the family *Flaviviridae* have been discovered. The nonprimate Hepacivirus (NPHV) and the Equine Pegivirus 1 (EPgV 1) are widely distributed viral infections among horses, whereas Theiler's disease associated virus (TDAV) has been rarely detected. NPHV represents the phylogenetically closest known relative of hepatitis C virus (HCV) in humans. For NPHV a hepatotropism was ascertained and subclinical hepatitis has been diagnosed in some infected horses. However, pathogenesis and routes of transmission still remain elusive for the new viruses.

Within this work potential routes of transmission have been studied, with the focus on the vertical transmission from the mare to its foal. Therefore, twenty Thoroughbred broodmares and their foals were monitored during foaling season 2015 until six months post-partum. Serum from the mares was taken before parturition. During foaling umbilical cord blood, pre-suckling colostrum and placenta samples were collected. Postnatal serum was taken from the foal approximately 14 hours after delivery. Viral RNA was detected by quantitative real-time PCR and anti-NPHV NS3 antibodies (ab) by luciferase immunoprecipitation system. Additionally, EPgV 1 and TDAV RNA was detected via quantitative multiplex RT-PCR. To investigate the clinical relevance of the viral infections, liver specific parameters were measured and general examinations were performed.

All samples lacked the presence of TDAV RNA but four mares carried EPgV 1 RNA before parturition. However, none of their foals was postnatally EPgV 1 positive. Thus, a vertical transmission could not be investigated for TDAV and EPgV 1.

Therefore, vertical NPHV infection occurred in one mare-foal pair. In total 80 % of the mares were anti-NPHV NS3 abs positive, with four of them additionally carrying NPHV RNA. Only one foal of the four mares was NPHV RNA positive in its postnatal serum sample and it was the same mare-foal pair that exclusively had NPHV RNA in the umbilical cord blood sample. The umbilical cord blood as well as the postnatal serum samples of the other foals were NPHV RNA negative. The detection of viral RNA directly after foaling supports an intrauterine infection of the fetus. The NPHV RNA in the samples were sequenced in the predicted E1E2 region of the NPHV genome and phylogenetic analysis revealed identical NPHV variants in the postnatal serum of the foal and the umbilical cord blood. Because of slight differences compared to the NPHV variant in the maternal serum, a fetal bottleneck infection with few maternal quasispecies seems likely. However, vertical transmission and the occurrence of placentitits at parturition or during late gestation seem unrelated, because the placenta of the mare was macroscopical and pathohistological unremarkable.

The transfer of maternal anti-NPHV NS3 abs from the mare to its foal could be retraced via colostrum, because the umbilical cord blood of the seropositive mares was anti-NPHV NS3 ab negative but the post-suckling serum of their foal contained antibodies. New infections were detected in seven foals and two mares within the monitored six months after parturion. Three of the initially viremic mares and the vertically infected foal remained NPHV RNA positive for the studied six months. The identified NPHV isolates were sequenced and the circulation of certain isolates within the pasture herds was shown by phylogenetical analysis. Our results and the high prevalence of NPHV infection suggest an efficient horizontal transmission.

In four foals, an acute NPHV infection has been detected at the age of six months. Therefore, a follow-up study was conducted to monitor these foals until the age of 12 to 13 months. The nasal swabs of three acutely infected foals were NPHV RNA positive, representing a first evidence of a potential mode of virus excretion. All four foals remained viremic during the entire monitored time, although anti-NPHV NS3 abs were detected.

In summary, this is the first description of vertically acquired NPHV infection, whereas vertical transmission has not been observed for EPgV 1 and TDAV. Additionally, our results suggest a horizontal route of transmission via direct contact. Future studies with larger cohorts are needed to confirm the occurrence and the prevalence of vertical transmission of NPHV in horses. Furthermore, the horizontal mode of NPHV transmission via direct contact requires further investigation.

Therefore, vertical NPHV infection occurred in one mare-foal pair. In total 80 % of the mares were anti-NPHV NS3 abs positive, with four of them additionally carrying NPHV RNA. Only one foal of the four mares was NPHV RNA positive in its postnatal serum sample and it was the same mare-foal pair that exclusively had NPHV RNA in the umbilical cord blood sample. The umbilical cord blood as well as the postnatal serum samples of the other foals were NPHV RNA negative. The detection of viral RNA directly after foaling supports an intrauterine infection of the fetus. The NPHV RNA in the samples were sequenced in the predicted E1E2 region of the NPHV genome and phylogenetic analysis revealed identical NPHV variants in the postnatal serum of the foal and the umbilical cord blood. Because of slight differences compared to the NPHV variant in the maternal serum, a fetal bottleneck infection with few maternal quasispecies seems likely. However, vertical transmission and the occurrence of placentitits at parturition or during late gestation seem unrelated, because the placenta of the mare was macroscopical and pathohistological unremarkable.

The transfer of maternal anti-NPHV NS3 abs from the mare to its foal could be retraced via colostrum, because the umbilical cord blood of the seropositive mares was anti-NPHV NS3 ab negative but the post-suckling serum of their foal contained antibodies. New infections were detected in seven foals and two mares within the monitored six months after parturion. Three of the initially viremic mares and the vertically infected foal remained NPHV RNA positive for the studied six months. The identified NPHV isolates were sequenced and the circulation of certain isolates within the pasture herds was shown by phylogenetical analysis. Our results and the high prevalence of NPHV infection suggest an efficient horizontal transmission.

In four foals, an acute NPHV infection has been detected at the age of six months. Therefore, a follow-up study was conducted to monitor these foals until the age of 12 to 13 months. The nasal swabs of three acutely infected foals were NPHV RNA positive, representing a first evidence of a potential mode of virus excretion. All four foals remained viremic during the entire monitored time, although anti-NPHV NS3 abs were detected.

In summary, this is the first description of vertically acquired NPHV infection, whereas vertical transmission has not been observed for EPgV 1 and TDAV. Additionally, our results suggest a horizontal route of transmission via direct contact. Future studies with larger cohorts are needed to confirm the occurrence and the prevalence of vertical transmission of NPHV in horses. Furthermore, the horizontal mode of NPHV transmission via direct contact requires further investigation.

9 Literaturverzeichnis

Allen, G. P. K., J.H.; Slater, J.D.; Smith, K.C. (2004):
Equid herpesvirus-1 (EHV-1) and -4 (EHV-4) infections.
In: Infectious Diseases of Livestock
Oxford Press, Cape Town, S. 829-859

Alter, M. J. (2007):
Epidemiology of hepatitis C virus infection.
World journal of gastroenterology 13, 2436-2441

Arshad, M., S. S. El-Kamary u. R. Jhaveri (2011):
Hepatitis C virus infection during pregnancy and the newborn period--are they opportunities for treatment?
Journal of viral hepatitis 18, 229-236

Averhoff, F. M., N. Glass u. D. Holtzman (2012):
Global burden of hepatitis C: considerations for healthcare providers in the United States.
Clinical infectious diseases : an official publication of the Infectious Diseases Society of America 55 Suppl 1, S10-15

Azzari, C., M. Resti, M. Moriondo, R. Ferrari, P. Lionetti u. A. Vierucci (2000):
Vertical transmission of HCV is related to maternal peripheral blood mononuclear cell infection.
Blood 96, 2045-2048

Baechlein, C., N. Fischer, A. Grundhoff, M. Alawi, D. Indenbirken, A. Postel, A. L. Baron, J. Offinger, K. Becker, A. Beineke, J. Rehage u. P. Becher (2015):
Identification of a Novel Hepacivirus in Domestic Cattle from Germany.
Journal of virology 89, 7007-7015

Barton, M. H. (2004):
Disorders of the liver.
In: Equine Internal Medicine
2. Aufl., Verlag Elsevier, USA, S. 951-994

Benova, L., S. F. Awad, F. D. Miller u. L. J. Abu-Raddad (2015):
Estimation of hepatitis C virus infections resulting from vertical transmission in Egypt.
Hepatology 61, 834-842

Benova, L., Y. A. Mohamoud, C. Calvert u. L. J. Abu-Raddad (2014):
Vertical transmission of hepatitis C virus: systematic review and meta-analysis.
Clinical infectious diseases : an official publication of the Infectious Diseases Society of America 59, 765-773

Bergero, D. u. J. Nery (2008):
Hepatic diseases in horses.
Journal of animal physiology and animal nutrition 92, 345-355

Billerbeck, E., Y. De Jong, M. Dorner, C. De La Fuente u. A. Ploss (2013):
Animal models for hepatitis C.
Current topics in microbiology and immunology 369, 49-86

Böck, P., H. Denk, H. Künzle, H. J. Plenk, J. Rüschoff u. W. Sellner (1989):
Romeis Mikroskopische Technik.
Verlag Urban und Schwarzenberg, München, Deutschland, 681

Breathnach, C. C., T. Sturgill-Wright, J. L. Stiltner, A. A. Adams, D. P. Lunn u. D. W. Horohov (2006):
Foals are interferon gamma-deficient at birth.
Vet Immunol Immunopathol 112, 199-209

Bukh, J. (2011):
Hepatitis C homolog in dogs with respiratory illness.
Proceedings of the National Academy of Sciences of the United States of America 108, 12563-12564

Bukh, J. (2012):
Animal models for the study of hepatitis C virus infection and related liver disease.
Gastroenterology 142, 1279-1287 e1273

Burbelo, P. D., K. H. Ching, C. M. Klimavicz u. M. J. Iadarola (2009):
Antibody profiling by Luciferase Immunoprecipitation Systems (LIPS).
Journal of visualized experiments 32, e1549

Burbelo, P. D., E. J. Dubovi, P. Simmonds, J. L. Medina, J. A. Henriquez, N. Mishra, J. Wagner, R. Tokarz, J. M. Cullen, M. J. Iadarola, C. M. Rice, W. I. Lipkin u. A. Kapoor (2012):
Serology-enabled discovery of genetically diverse hepaciviruses in a new host.
Journal of virology 86, 6171-6178

Burbelo, P. D., E. E. Lebovitz u. A. L. Notkins (2015):
Luciferase immunoprecipitation systems for measuring antibodies in autoimmune and infectious diseases.
Translational research : the journal of laboratory and clinical medicine 165, 325-335

Chandriani, S., P. Skewes-Cox, W. Zhong, D. E. Ganem, T. J. Divers, A. J. Van Blaricum, B. C. Tennant u. A. L. Kistler (2013):
Identification of a previously undescribed divergent virus from the Flaviviridae family in an outbreak of equine serum hepatitis.
Proceedings of the National Academy of Sciences of the United States of America 110, E1407-1415

Choo, Q. L., G. Kuo, A. J. Weiner, L. R. Overby, D. W. Bradley u. M. Houghton (1989):
Isolation of a cDNA clone derived from a blood-borne non-A, non-B viral hepatitis genome.
Science 244, 359-362

Chucri, T. M., J. M. Monteiro, A. R. Lima, M. L. Salvadori, J. R. Kfoury, Jr. u. M. A. Miglino (2010):
A review of immune transfer by the placenta.
Journal of reproductive immunology 87, 14-20

Coignoul, F. L. u. N. F. Cheville (1984):
Pathology of maternal genital tract, placenta, and fetus in equine viral arteritis.
Vet Pathol 21, 333-340

Corman, V. M., A. Grundhoff, C. Baechlein, N. Fischer, A. Gmyl, R. Wollny, D. Dei, D. Ritz, T. Binger, E. Adankwah, K. S. Marfo, L. Annison, A. Annan, Y. Adu-Sarkodie, S. Oppong, P. Becher, C. Drosten u. J. F. Drexler (2015):
Highly divergent hepaciviruses from African cattle.
Journal of virology 89, 5876-5882

Deinhardt, F., A. W. Holmes, R. B. Capps u. H. Popper (1967):
Studies on the transmission of human viral hepatitis to marmoset monkeys. I. Transmission of disease, serial passages, and description of liver lesions.
The Journal of experimental medicine 125, 673-688

Delcambre, G. H. u. M. T. Long (2014):
Flavivirus Ecephalitides.
In: Equine Infectious Disease
2. Aufl., Verlag Saunders/Elsevier, USA, S. 217-226

Divers, T. (2015):
The Equine Liver in Health and Disease.
In: American Association of Equine Practitioners' (AAEP) 61st Annual Convention, December 5-9 2015 Las Vegas, 66-103

Domingo, E., J. Sheldon u. C. Perales (2012):
Viral quasispecies evolution.
Microbiol Mol Biol Rev 76, 159-216

Dow, N., A. Chernick, K. Orsel, G. Van Marle u. F. Van Der Meer (2015):
Genetic Variability of Bovine Viral Diarrhea Virus and Evidence for a Possible Genetic Bottleneck during Vertical Transmission in Persistently Infected Cattle.
PloS one 10, e0131972

Drexler, J. F., V. M. Corman, M. A. Muller, A. N. Lukashev, A. Gmyl, B. Coutard, A. Adam, D. Ritz, L. M. Leijten, D. Van Riel, R. Kallies, S. M. Klose, F. Gloza-Rausch, T. Binger, A. Annan, Y. Adu-Sarkodie, S. Oppong, M. Bourgarel, D. Rupp, B. Hoffmann, M. Schlegel, B. M. Kummerer, D. H. Kruger, J. Schmidt-Chanasit, A. A. Setien, V. M. Cottontail, T. Hemachudha, S. Wacharapluesadee, K. Osterrieder, R. Bartenschlager, S. Matthee, M. Beer, T. Kuiken, C. Reusken, E. M. Leroy, R. G. Ulrich u. C. Drosten (2013):
Evidence for novel hepaciviruses in rodents.
PLoS pathogens 9, e1003438

Durham, A. E., J. R. Newton, K. C. Smith, M. H. Hillyer, L. L. Hillyer, M. R. Smith u. C. M. Marr (2003):
Retrospective analysis of historical, clinical, ultrasonographic, serum biochemical and haematological data in prognostic evaluation of equine liver disease.
Equine veterinary journal 35, 542-547

El-Attar, L. M., J. A. Mitchell, H. Brooks Brownlie, S. L. Priestnall u. J. Brownlie (2015):
Detection of non-primate hepaciviruses in UK dogs.
Virology 484, 93-102

Enders, A. C. u. T. N. Blankenship (1999):
Comparative placental structure.
Advanced drug delivery reviews 38, 3-15

European Paediatric Hepatitis C Virus Network (2001):
Effects of mode of delivery and infant feeding on the risk of mother-to-child transmission of hepatitis C virus. European Paediatric Hepatitis C Virus Network.
BJOG : an international journal of obstetrics and gynaecology 108, 371-377

Farci, P., H. J. Alter, S. Govindarajan, D. C. Wong, R. Engle, R. R. Lesniewski, I. K. Mushahwar, S. M. Desai, R. H. Miller, N. Ogata u. Et Al. (1992):
Lack of protective immunity against reinfection with hepatitis C virus.
Science 258, 135-140

Farias, A., V. Re, S. Mengarelli, L. Kremer, M. B. Pisano, L. Allende, J. Nicolas, O. Elbarcha u. M. Contigiani (2010):
Detection of hepatitis C virus (HCV) in body fluids from HCV monoinfected and HCV/HIV coinfected patients.
Hepato-gastroenterology 57, 300-304

Felsenstein, J. (1985):
Confidence-Limits on Phylogenies - an Approach Using the Bootstrap.
Evolution 39, 783-791

Figueiredo, A. S., E. Lampe, M. P. Do Espirito-Santo, F. C. Mello, F. Q. De Almeida, E. R. De Lemos, T. L. Godoi, L. A. Dimache, D. R. Dos Santos u. L. M. Villar (2015): Identification of two phylogenetic lineages of equine hepacivirus and high prevalence in Brazil.
Veterinary journal 206, 414-416

Firth, C., M. Bhat, M. A. Firth, S. H. Williams, M. J. Frye, P. Simmonds, J. M. Conte, J. Ng, J. Garcia, N. P. Bhuva, B. Lee, X. Che, P. L. Quan u. W. I. Lipkin (2014): Detection of zoonotic pathogens and characterization of novel viruses carried by commensal Rattus norvegicus in New York City.
mBio 5, e01933-01914

Flaminio, M. J. u. R. L. Tallmadge (2011):
Development of the Foal Immune System.
In: Equine Reproduction
2. Aufl., Verlag Wiley-Blackwell, UK, S. 331-341

Frazer, G. S. (2004):
The pregnand mare.
In: Equine Internal Medicine
2. Aufl., Verlag Saunders/Elsevier, USA, S. 1079-1130

Gale, M., Jr. u. E. M. Foy (2005):
Evasion of intracellular host defence by hepatitis C virus.
Nature 436, 939-945

Gehlen, H. M., A.; Venner M. (2010):
Lebererkrankungen beim Pferd.
Pferdeheilkunde 26, 668-679

Gemaque, B. S., A. Junior Souza De Souza, M. Do Carmo Pereira Soares, A. P. Malheiros, A. L. Silva, M. M. Alves, M. S. Gomes-Gouvea, J. R. Pinho, H. Ferreira De Figueiredo, D. B. Ribeiro, J. Souza Da Silva, L. A. Moraes, A. S. Ribeiro u. W. L. Pereira (2014):
Hepacivirus infection in domestic horses, Brazil, 2011-2013.
Emerging infectious diseases 20, 2180-2182

Gibb, D. M., R. L. Goodall, D. T. Dunn, M. Healy, P. Neave, M. Cafferkey u. K. Butler (2000):
Mother-to-child transmission of hepatitis C virus: evidence for preventable peripartum transmission.
Lancet 356, 904-907

Giguere, S. u. J. F. Prescott (1997):
Clinical manifestations, diagnosis, treatment, and prevention of Rhodococcus equi infections in foals.
Veterinary microbiology 56, 313-334

Global Burden Of Hepatitis C Working Group (2004):
Global burden of disease (GBD) for hepatitis C.
Journal of clinical pharmacology 44, 20-29

Hoofnagle, J. H. (1997):
Hepatitis C: the clinical spectrum of disease.
Hepatology 26, 15S-20S

Hoofnagle, J. H. (2002):
Course and outcome of hepatitis C.
Hepatology 36, S21-29

Indolfi, G., C. Azzari u. M. Resti (2013):
Perinatal transmission of hepatitis C virus.
The Journal of pediatrics 163, 1549-1552 e1541

Jeffcott, L. B. (1972):
Passive immunity and its transfer with special reference to the horse.
Biological reviews of the Cambridge Philosophical Society 47, 439-464

Jeffcott, L. B. (1975):
The transfer of passive immunity to the foal and its relation to immune status after birth.
Journal of reproduction and fertility. Supplement 727-733

Kapoor, A., P. Simmonds, J. M. Cullen, T. K. Scheel, J. L. Medina, F. Giannitti, E. Nishiuchi, K. V. Brock, P. D. Burbelo, C. M. Rice u. W. I. Lipkin (2013a):
Identification of a pegivirus (GB virus-like virus) that infects horses.
Journal of virology 87, 7185-7190

Kapoor, A., P. Simmonds, G. Gerold, N. Qaisar, K. Jain, J. A. Henriquez, C. Firth, D. L. Hirschberg, C. M. Rice, S. Shields u. W. I. Lipkin (2011):
Characterization of a canine homolog of hepatitis C virus.
Proceedings of the National Academy of Sciences of the United States of America 108, 11608-11613

Kapoor, A., P. Simmonds, T. K. Scheel, B. Hjelle, J. M. Cullen, P. D. Burbelo, L. V. Chauhan, R. Duraisamy, M. Sanchez Leon, K. Jain, K. J. Vandegrift, C. H. Calisher, C. M. Rice u. W. I. Lipkin (2013b):
Identification of rodent homologs of hepatitis C virus and pegiviruses.
mBio 4, e00216-00213

Knipe, D. M., P. M. Howley, J. I. Cohen, D. E. Griffin, R. A. Lamb, M. A. Martin, V. R. Racaniello u. B. Roizman (2013):
Fields Virology.
Verlag Lippincott Williams & Wilkins; Wolters Kluwer, USA, 2418

Knottenbelt, D. (2014):
Conditions of the liver, spleen and pancreas.
In: Knottenbelt and Pascoe's Color Atlas of Diseases and Disorders of the Horse
2. Aufl., Verlag Saunders/Elsevier, Liverpool, UK, S. 84-105

Knottenbelt, D., N. Holdstick, J. E. Madigan u. A. Cornford (2007):
Perinatale Phase.
In: Neonatologie des Pferdes
Verlag Elsevier/Urban & Fischer, München, Deutschland, S. 1-22

Kudo, T., Y. Yanase, M. Ohshiro, M. Yamamoto, M. Morita, M. Shibata u. T. Morishima (1997):
Analysis of mother-to-infant transmission of hepatitis C virus: quasispecies nature and buoyant densities of maternal virus populations.
Journal of medical virology 51, 225-230

Kumar, R. M. u. S. Shahul (1998):
Role of breast-feeding in transmission of hepatitis C virus to infants of HCV-infected mothers.
J Hepatol 29, 191-197

Lanyon, S. R., F. I. Hill, M. P. Reichel u. J. Brownlie (2014):
Bovine viral diarrhoea: pathogenesis and diagnosis.
Veterinary journal 199, 201-209

Lauck, M., S. D. Sibley, J. Lara, M. A. Purdy, Y. Khudyakov, D. Hyeroba, A. Tumukunde, G. Weny, W. M. Switzer, C. A. Chapman, A. L. Hughes, T. C. Friedrich, D. H. O'connor u. T. L. Goldberg (2013):
A novel hepacivirus with an unusually long and intrinsically disordered NS5A protein in a wild Old World primate.
Journal of virology 87, 8971-8981

Love, S. u. T. S. Mair (2013):
Infectious diseases and parasitology.
In: Equine Medicine, Surgery and Reproduction
2. Aufl., Verlag Saunders/Elsevier, UK, S. 399-422

Lyons, S., A. Kapoor, B. S. Schneider, N. D. Wolfe, G. Culshaw, B. Corcoran, A. E. Durham, F. Burden, B. C. Mcgorum u. P. Simmonds (2014):
Viraemic frequencies and seroprevalence of non-primate hepacivirus and equine pegiviruses in horses and other mammalian species.
The Journal of general virology 95, 1701-1711

Lyons, S., A. Kapoor, C. Sharp, B. S. Schneider, N. D. Wolfe, G. Culshaw, B. Corcoran, B. C. Mcgorum u. P. Simmonds (2012):
Nonprimate hepaciviruses in domestic horses, United kingdom.
Emerging infectious diseases 18, 1976-1982

Mack, C. L., R. P. Gonzalez-Peralta, N. Gupta, D. Leung, M. R. Narkewicz, E. A. Roberts, P. Rosenthal, K. B. Schwarz, H. North American Society for Pediatric Gastroenterology u. Nutrition (2012):
NASPGHAN practice guidelines: Diagnosis and management of hepatitis C infection in infants, children, and adolescents.
Journal of pediatric gastroenterology and nutrition 54, 838-855

Macpherson, M. L. (2014):
Placentitis.
In: Robinson's Current Therapy in Equine Medicine
7. Aufl., Verlag Elsevier Oxford, UK, S. 702-705

Martell, M., J. I. Esteban, J. Quer, J. Genesca, A. Weiner, R. Esteban, J. Guardia u. J. Gomez (1992):
Hepatitis-C Virus (Hcv) Circulates as a Population of Different but Closely Related Genomes - Quasi-Species Nature of Hcv Genome Distribution.
Journal of virology 66, 3225-3229

Mast, E. E., L. Y. Hwang, D. S. Seto, F. S. Nolte, O. V. Nainan, H. Wurtzel u. M. J. Alter (2005):
Risk factors for perinatal transmission of hepatitis C virus (HCV) and the natural history of HCV infection acquired in infancy.
The Journal of infectious diseases 192, 1880-1889

Matsuu, A., S. Hobo, K. Ando, T. Sanekata, F. Sato, Y. Endo, T. Amaya, T. Osaki, M. Horie, T. Masatani, M. Ozawa u. K. Tsukiyama-Kohara (2015):
Genetic and serological surveillance for non-primate hepacivirus in horses in Japan.
Veterinary microbiology 179, 219-227

Mayr, A. u. O.-R. Kaaden (2007):
Viruskrankheiten der Tiere: Infektionen und Krankheiten durch Flaviviren.
In: Medizinische Mikrobiologie, Infektions- und Seuchenlehre
8. Aufl., Enke Verlag, Stuttgart, Deutschland, S. 232-245

Mccollum (1976):
Studies of passive immunity in foals to equine viral arteritis.
Veterinary microbiology 1, 45-54

Mcmahon, J. M., M. Simm, D. Milano u. M. Clatts (2004):
Detection of hepatitis C virus in the nasal secretions of an intranasal drug-user.
Ann Clin Microbiol Antimicrob 3, 6

Mealey, R. H. u. J. D. Ramsay (2016):
Viral load kinetics and liver disease following equine hepacivirus and equine pegivirus infection.
In: 10th International Equine Infectious Diseases Conference (IEIDC), Abstract im Journal of Equine Veterinary Science 04 April 2016 - 08 April 2016, S. 20

Mok, J., L. Pembrey, P. A. Tovo, M. L. Newell u. European Paediatric Hepatitis C Virus Network (2005):
When does mother to child transmission of hepatitis C virus occur?
Archives of disease in childhood. Fetal and neonatal edition 90, F156-160

Morresay, P. R. (2011):
The Placenta.
In: Equine Reproduction
Verlag Wiley-Blackwell, USA, S. 84-95

Nei, M. u. S. Kumar (2000):
Molecular Evolution and Phylogenetics.
Verlag Oxford University Press, USA, New York, 352

Nie, Q. H., L. H. Gao, Y. Q. Cheng, X. F. Huang, Y. F. Zhang, X. D. Luo, J. Q. Wang u. Y. Y. Wang (2012):
Hepatitis C virus infection of human cytotrophoblasts cultured in vitro.
Journal of medical virology 84, 1586-1592

Ozaras, R. u. V. Tahan (2009):
Acute hepatitis C: prevention and treatment.
Expert review of anti-infective therapy 7, 351-361

Pawlotsky, J. M. (2014):
New hepatitis C virus (HCV) drugs and the hope for a cure: concepts in anti-HCV drug development.
Seminars in liver disease 34, 22-29

Pembrey, L., M. L. Newell, P. A. Tovo u. E. Collaborators (2005):
The management of HCV infected pregnant women and their children European paediatric HCV network.
J Hepatol 43, 515-525

Perkins, G. A., L. B. Goodman, C. Wimer, H. Freer, S. Babasyan u. B. Wagner (2014):
Maternal T-lymphocytes in equine colostrum express a primarily inflammatory phenotype.
Vet Immunol Immunopathol 161, 141-150

Perkins, G. A. u. B. Wagner (2015):
The development of equine immunity: Current knowledge on immunology in the young horse.
Equine veterinary journal 47, 267-274

Pfaender, S., R. J. Brown, T. Pietschmann u. E. Steinmann (2014):
Natural reservoirs for homologs of hepatitis C virus.
Emerging microbes & infections 3, e21

Pfaender, S., J. M. Cavalleri, S. Walter, J. Doerrbecker, B. Campana, R. J. Brown, P. D. Burbelo, A. Postel, K. Hahn, Anggakusuma, N. Riebesehl, W. Baumgartner, P. Becher, M. H. Heim, T. Pietschmann, K. Feige u. E. Steinmann (2015):
Clinical course of infection and viral tissue tropism of hepatitis C virus-like nonprimate hepaciviruses in horses.
Hepatology 61, 447-459

Pfaender, S., J. Heyden, M. Friesland, S. Ciesek, A. Ejaz, J. Steinmann, J. Steinmann, A. Malarski, H. Stoiber, G. Tsiavaliaris, W. Bader, G. Jahreis, T. Pietschmann u. E. Steinmann (2013):
Inactivation of hepatitis C virus infectivity by human breast milk.
The Journal of infectious diseases 208, 1943-1952

Polywka, S., L. Pembrey, P. A. Tovo u. M. L. Newell (2006):
Accuracy of HCV-RNA PCR tests for diagnosis or exclusion of vertically acquired HCV infection.
Journal of medical virology 78, 305-310

Postel, A., J. M. Cavalleri, S. Pfaender, S. Walter, E. Steinmann, N. Fischer, K. Feige, L. Haas u. P. Becher (2016):
Frequent presence of hepaci and pegiviruses in commercial equine serum pools.
Veterinary microbiology 182, 8-14

Pybus, O. G. u. J. Theze (2015):
Hepacivirus cross-species transmission and the origins of the hepatitis C virus.
Current opinion in virology 16, 1-7

Quan, P. L., C. Firth, J. M. Conte, S. H. Williams, C. M. Zambrana-Torrelio, S. J. Anthony, J. A. Ellison, A. T. Gilbert, I. V. Kuzmin, M. Niezgoda, M. O. Osinubi, S. Recuenco, W. Markotter, R. F. Breiman, L. Kalemba, J. Malekani, K. A. Lindblade, M. K. Rostal, R. Ojeda-Flores, G. Suzan, L. B. Davis, D. M. Blau, A. B. Ogunkoya, D. A. Alvarez Castillo, D. Moran, S. Ngam, D. Akaibe, B. Agwanda, T. Briese, J. H. Epstein, P. Daszak, C. E. Rupprecht, E. C. Holmes u. W. I. Lipkin (2013):
Bats are a major natural reservoir for hepaciviruses and pegiviruses.
Proceedings of the National Academy of Sciences of the United States of America 110, 8194-8199

Radstrom, P., R. Knutsson, P. Wolffs, M. Lovenklev u. C. Lofstrom (2004):
Pre-PCR processing: strategies to generate PCR-compatible samples.
Mol Biotechnol 26, 133-146

Ramsay, J. D., R. Evanoff, T. E. Wilkinson, Jr., T. J. Divers, D. P. Knowles u. R. H. Mealey (2015):
Experimental transmission of equine hepacivirus in horses as a model for hepatitis C virus.
Hepatology 61, 1533-1546

Ray, S. C., J. R. Bailey u. D. L. Thomas (2013):
Hepatitis C Virus.
In: Fields Virology
6. Aufl., Verlag Lippincott Williams & Wilkins, USA, S. 795-824

Resti, M., C. Azzari, F. Mannelli, M. Moriondo, E. Novembre, M. De Martino u. A. Vierucci (1998):
Mother to child transmission of hepatitis C virus: prospective study of risk factors and timing of infection in children born to women seronegative for HIV-1. Tuscany Study Group on Hepatitis C Virus Infection.
Bmj 317, 437-441

Reuter, G., N. Maza, P. Pankovics u. A. Boros (2014):
Non-primate hepacivirus infection with apparent hepatitis in a horse - Short communication.
Acta veterinaria Hungarica 62, 422-427

Saitou, N. u. M. Nei (1987):
The neighbor-joining method: a new method for reconstructing phylogenetic trees.
Molecular biology and evolution 4, 406-425

Scheel, T. K., A. Kapoor, E. Nishiuchi, K. V. Brock, Y. Yu, L. Andrus, M. Gu, R. W. Renshaw, E. J. Dubovi, S. P. Mcdonough, G. R. Van De Walle, W. I. Lipkin, T. J. Divers, B. C. Tennant u. C. M. Rice (2015a):
Characterization of nonprimate hepacivirus and construction of a functional molecular clone.
Proceedings of the National Academy of Sciences of the United States of America 112, 2192-2197

Scheel, T. K., P. Simmonds u. A. Kapoor (2015b):
Surveying the global virome: identification and characterization of HCV-related animal hepaciviruses.
Antiviral Res 115, 83-93

Schmidt, A. J., L. Falcato, B. Zahno, A. Burri, S. Regenass, B. Mullhaupt u. P. Bruggmann (2014):
Prevalence of hepatitis C in a Swiss sample of men who have sex with men: whom to screen for HCV infection?
BMC public health 14, 3

Schnorr, B. u. M. Kressin (2006):
Plazentation bei Haussäugetieren und Mensch.
In: Embryologie der Haustiere: ein Kurzlehrbuch
5. Aufl., Enke Verlag, Stuttgart, Deutschland, S. 90-113

10 Anhang

10.1 Verwendete Materialien

10.1.1 Chemikalien

Kaliumchlorid	Carl Roth, Karlsruhe, Deutschland
Natriumchlorid	Carl Roth, Karlsruhe, Deutschland
Di-Natriumhydrogenphosphat Dihydrat	Carl Roth, Karlsruhe, Deutschland
di-Natriumhydrogenphosphat	Merck Millipore, Darmstadt, Deutschland
Natriumdihydrogenphosphat-Dihydrat	Merck Millipore, Darmstadt, Deutschland
Kaliumdihydrogenphosphat	Carl Roth, Karlsruhe, Deutschland
Magnesiumchlorid-Hexahydrat	Carl Roth, Karlsruhe, Deutschland
Essigsäure Supra-Qualität ROTIPURAN® Supra	Carl Roth, Karlsruhe, Deutschland
Ethylendiamin-tetraessigsäure Dinatriumsalz Dihydrat (EDTA), ≥99 %	Carl Roth, Karlsruhe, Deutschland
Glycerin	Carl Roth, Karlsruhe, Deutschland
Triton®-X-100	Carl Roth, Karlsruhe, Deutschland
Gibco®DMEM	Thermo Fisher Scientific, Waltham, USA
Gibco®fetalesKälberserum	Thermo Fisher Scientific, Waltham, USA
GibcoTMOpti-MEM®I	Thermo Fisher Scientific, Waltham, USA
Ultralink Protein A/G Beads®	Pierce Biotechnology, Rockford; Illinois

Coelenterazin-Lösung p.j.k.	GmbH, Kleinbittersdorf, Deutschland
Kommerzielles Pferdeserum	Thermo Fisher Scientific, Waltham, USA
TRIS-Pufferan®	Carl Roth, Karlsruhe, Deutschland [pH = 7,5]
Aqua ad iniectabilia	Braun, Melsungen, Deutschland
Formaldehyd, min. 37 %ig, säurefrei	Merck Millipore, Darmstadt, Deutschland
DNA Gel Loading Dye (6×)	Thermo Fisher Scientific, Waltham, Massachusetts, USA
GeneRuler DNA Ladder Mix	Thermo Fisher Scientific, Waltham, Massachusetts, USA
dNTP mix, long range, peqGOLD	PEQLAB/ VWR International GmbH, Erlangen, Detuschland
UltraPure™ Agarose	Invitrogen, Thermo Fisher Scientific, Waltham, Massachusetts, USA
Ethidiumbromidlösung 1 %	Carl Roth, Karlsruhe, Deutschland
Ethanol, ROTIPURAN® ≥99,8 %, p.a.	Carl Roth, Karlsruhe, Deutschland
TRIzol® Reagens	Invitrogen, Thermo Fisher Scientific, Waltham, Massachusetts, USA
Trichlormethan/Chloroform ROTIPURAN® ≥99 %, p.a.	Carl Roth, Karlsruhe, Deutschland
Roti®-Phenol	Carl Roth, Karlsruhe, Deutschland
2-Propanol ROTIPURAN® ≥99,8 %, p.a., ACS, ISO	Carl Roth, Karlsruhe, Deutschland
2-Mercaptoethanol	Sigma-Aldrich Chemie GmbH, München, Deutschland
Ethanol, 100 %, vergällt	Merck Millipore, Darmstadt, Deutschland
Isopropanol, 99,7 %	Merck Millipore, Darmstadt, Deutschland

reinstes Xylol	SAV Liquid Production GmbH, Flintsbach a. Inn, Deutschland
Paraffin *Surgipath Paraplast*	Leica Biosystems Nussloch GmbH, Nussloch, Deutschland
Hämatoxylin, puriss	Waldeck GmbH & Co. KG, Münster, Deutschland
Aluminiumammoniumsulfat dodecahydrat	Merck Millipore, Darmstadt, Deutschland
Glycerin, 85 %	Merck Millipore, Darmstadt, Deutschland
Methanol, 100 %	SAV Liquid Production GmbH, Flintsbach a. Inn, Deutschland
HCl, 0,1 %	Grüssing GmbH, Filsum, Deutschland)
Eindeckmedium Eukitt	Kindler GmbH, Freiburg, Deutschland

Formaldehydlösung nach Lillie, 4 %ig, gepuffert	Formaldehyd, min. 37 %ig, säurefrei Aqua destillata di-Natriumhydrogenphosphat Natriumdihydrogenphosphat-Dihydrat
PBS (*phosphate buffered saline*)	80 g NaCl 2 g KCl 16,8 g Na_2HPO_4-$2H_2O$ 2,4 g KH_2PO_4 800 ml H_2O pH = 7,4
Puffer A	50 mmol Tris [pH = 7,5] 100 mmolNaCl

	5 mmol $MgCl_2$
	1 % Triton X-100
	Lyse-Puffer 50 mmol Tris [pH = 7,5]
	100 mmol NaCl
	5 mmol $MgCl_2$
	1 % Triton X-100
	50 % Glycerin
	Protease Inhibitoren
1×TAE	40 mM Tris [pH = 7,5]
	20 mM Essigsäure
	1 mM EDTA

10.1.2 Kits

High-Pure Viral RNA Kit® — Roche, Mannheim, Deutschland

Dieses beinhaltete:

- *Binding Buffer*
- *Poly (A)*
- *Inhibitor-Removal Buffer*
- *Wash Buffer*
- *Elution Buffer*
- *High Pure Filter Tubes*

PrimeScriptTM RT Master Mix (Perfect Real Time)® — TaKaRa, Kusatsu, Japan

Dieses beinhaltete:

- *PrimeScriptRTase*
- *RNase Inhibitor*
- *Random 6mers*
- *Oligo dT Primer*

- *dNTP Mixture*
- *Reaktionspuffer, (enthielt Mg^{2+})*

SYBR®Premix Ex TaqTM II Bulk® (TliRNaseH Plus) — TaKaRa, Kusatsu, Japan

Dieses beinhaltete:

- *TliRNase(hitzestabile RNase H)*
- *TaKaRA Ex Taq HS*
- *dNTP Mixtur*
- *Mg^{2+}*

Superscript III One-Step RT-PCR-System — Invitrogen, Thermo Fisher Scientific, Waltham, Massachusetts, USA

Dieses beinhaltete:

- *SuperScript® III Reverse Transcriptase*
- *Platinum® Taq DNA–Polymerase*
- *2× Rxn Mix (enthält dNTPs und $MgSO_4$)*

Transcriptor High Fidelity cDNA Synthesis Kit — Roche, Mannheim, Deutschland

Dieses beinhaltete:

- *Transcriptor High Fidelity Reverse Transcriptase*
- *Transcriptor High Fidelity Reaction Buffer (5×)*
- *Protector RNase Inhibitor*
- *Deoxynucleotide Mix*
- *DTT*
- *Water, PCR grade*

NucleoSpin® Gel and PCR Clean-up — Macherey-Nagel GmbH & Co. KG, Düren, Deutschland

Dieses beinhaltete:

- *Binding Buffer NTI*
- *Wash Buffer NT3*
- *Elution Buffer NE*
- *NucleoSpin® Gel and PCR Clean-up Columns*
- *Collection Tubes (2 mL)*

Vantage™ Total RNA Purification Kit — Origene, Maryland, USA

Dieses beinhaltete:

- *Lysis Solution*
- *Wash Buffer*
- *RNA Elution Buffer*
- *RNA Binding Columns*
- *Wash Tubes*
- *Recovery Tubes*

10.1.3 Plasmide

Für die Untersuchung auf anti-NPHV NS3 Antikörper (2.7)

RUC-CHV/NPHV NS3

Renilla luciferase fusioniert an CHV/ NPHV NS3 Protein*

* (Burbelo et al. 2012)

Für die Herstellung der Verdünnungsreihe der SYBR-Green qRT-PCR (2.5.2)

pFK_i389-NPHV5'UTRLucNS3-3'_JFH-dg

Für die Herstellung der Verdünnungsreihe der Multiplex qRT-PCR (2.8)

pCR2.1 (TOPO-TA Klonierungskit, Invitrogen)

10.1.4 Oligonukleotide

Primer/ Sonden	Sequenz	Quelle
NPHV qRT-PCR		
Quanti-5UF1	5'-GAGGGAGCTGRAATTCGTGAA-3'	(Burbelo et al. 2012)
Quanti-5UR1	5'-GCAAGCATCCTATCAGACCGT-3'	
NPHV-Sequenzierung		
A-O-hepaciNS2	5'-CAATATTCAAGCCACCATTAAC-3'	vorliegende Studie (Manuskript I)
S-O-EQ5UTRIAS	5'-CTGATAGGATGCTTGCGAGGGC-3'	
F-3.1_S6M_NPHVseqVT	5'-ATCTTGTGCGGTTTGTGGA-3'	
R-3.1_S6M_NPHVseqVT	5'-AGCACAGACCTTAGCATCCAT-3'	
S-E2WildStorm_2235	5'-GATAGATATCTTCATTTCCCGTG-3'	
F-19.0_NPHVseqVT	5'-CTCTATTTTCTTACTGGCTCTGCT-3'	
R-19.0_NPHVseqVT	5'-AGCATCCATAAGTAAAAGGAGAAAGA-3'	
TDAV/ EPgV 1 quantitative Multiplex PCR		
Primer EVT-146	5'-AGGGTTCTTCGGGTAAATCC-3'	(Chandriani et al. 2013)
EPgV 1-314r	5'-TCGKCGAGCYACAGACCGT-3'	
TDAV-199 probe	5'-TGTTTTGGGTTCAGGGCAGTAGGGGCA-3' Farbstoff [TEX-BHQ2]	(Postel et al. 2016)
WST-189 probe	5'-TGTTGTGATTGTGTTAGGGCAGGTGCA-3' Farbstoff [6FAM-BHQ1]	

10.1.5 Geräte

Spectrafuge 6C Tischzentrifuge	Labnet, Edison, New Jersey, USA
Schüttler-Unimax 1010	Heidolph Instruments, Schwabach, Deutschland
96-Well-Vakuumpumpe	Welch, Monroe, Louisiana, USA
Centro XS³ LB 960 Mikroplatten Luminometer	Berthold, Freiburg, Deutschland
LightCycler480	Roche, Mannheim, Deutschland
Heizblock	Thermomixer compact® Eppendorf, Hamburg, Deutschland
Tischzentrifuge	Eppendorf Centrifuge 5417C® Eppendorf, Hamburg, Deutschland
Ultra-Turrax® T 25 rotor-stator Gewebe Homogenisierer	Ika, Laboratory Supply Network, Staufen, Deutschland
Mx3005P qPCR System	Agilent Technologies, Santa Clara, Kalifornien, USA
T100 thermal cycler	Bio-Rad Laboratories GmbH, München, Deutschland
Vollspektrum-UV-Vis-Spektralphotometer	NanoDrop 1000 Spectrophotometer, Thermo Fisher Scientific, Waltham, Massachusetts, USA
Hettich-Zentrifuge Rotofix 32	Andreas Hettich GmbH & Co.KG, Tuttlingen, Deutschland
Hettich-Zentrifuge, Universal 320,	Andreas Hettich GmbH & Co.KG, Tuttlingen, Deutschland
Zentrifuge, CompactStar CS4	VWR International GmbH, Darmstadt, Deutschland
Paraffin-Einbettstation *Leica ASP300 S Fully Enclosed Tissue Processor*	Leica Biosystems Nusslochs GmbH, Nussloch, Deutschland

Paraffin-Ausgießstation *Leica EG1150 H Heated Paraffin Embedding Module*	Leica Biosystems Nussloch GmbH, Nussloch, Deutschland
Kühlplatte *Leica EG1150 C, Cold Plate for Modular Tissue Embedding System*	Leica Biosystems Nussloch GmbH, Nussloch, Deutschland
Paraffin-Streckbad	GFL Gesellschaft für Labortechnik GmbH, Burgwedel, Deutschland
Rotationsmikrotom Leica Leitz 1512	Leica Biosystems Nussloch GmbH, Nussloch, Deutschland
Wärmeschrank	Heraueus Holding GmbH, Hanau, Deutschland

10.1.6 Verbrauchsmaterialien

VACUETTE® RÖHRCHEN	Greiner Bio-One International GmbH, Kremsmünster, Österreich
9 ml Z Serum Gerinnungsaktivator	
4 ml K3E K3EDTA Röhrchen	
4 ml LH Lithium Heparin Röhrchen	
4 ml 9NC Coagulation Sodium Citrate 3.8 %	
steriles Abstrichbesteck – *Dry swab*	Heinz Herenz Medizinalbedarf GmbH, Hamburg, Deutschland
1,2 ml Polypropylen-96-Well-Platte	LVL technologies, Crailsheim, Deutschland
Parafilm-Folie Bemis®	Flexible Packaging, Neenah Paper, Alpharetta, Giorgia
96-Well-Zellkulturplatte	Falcon, Durham, USA
96-Well Filter HTS Platte	Merck Millipore, Bedford, Massachusetts
15 ml Polypropylen Zentrifugenröhrchen	Falcon, Durham, USA

50 ml Polypropylen Zentrifugenröhrchen	Falcon, Durham, USA)
2 ml Reaktionsgefäß	Sarstedt, Nümbrecht, Deutschland
1,5 ml Reaktionsgefäß	Sarstedt, Nümbrecht, Deutschland
1,0 ml Reaktionsgefäß	Sarstedt, Nümbrecht, Deutschland
Strips of 8 PCR 200 µl Tubes With Tethered Caps	4titude Ltd., Berlin, Deutschland
Mikrotomklinge *Feather Microtome Blade S35*	FEATHER Safety Razor Co., Ltd, Osaka, Japan
Einbett-kassette *ActivFlo Routine I Cassettes*	Leica Biosystems Nussloch GmbH, Nussloch, Deutschland
70x26 mm Objektträger, geschnitten, mit Mattrand	Waldemar Knittel Glasbearbeitungs GmbH, Braunschweig, Deutschland

10.2 Protokoll Allgemeinuntersuchung

Datum der Untersuchung: .... Uhrzeit: ....

Name: .... Studiennummer: ....

Alter: .... Farbe: ....

Kennzeichen: ....

Haltung: ....

Verhalten: ....

Ernährungszustand: ....

Pflegezustand: ....

Habitus: ....

Schleimhäute: .... KFZ: ....sec

Nasenausfluss: ....

Episcleralgefäße: ....

Ln. mandibulares: ....

Hustenreflex: ....

Venenstauprobe: ....

Hautturgor, Körperoberfläche:

Pulsfrequenz: .... Pulsqualität: ....

Auskultation Herz: ....

Auskultation Lunge: ....

Rektaltemperatur: ....

Allgemeinbefinden:

weitere Untersuchungen/Bemerkungen

10.3 Protokoll des Geburtsverlaufes

Name der Stute: .... Studiennummer: ....

Alter: .... Farbe: ....

Kennzeichen: ....

Untersuchungergebnis auf NPHV im Vorfeld: positiv / negativ

Bisherige Zuchtnutzung und Leistung: Maidenstute / Fohlenstute

Anzahl der Trächtigkeiten: ....

Studiennummer des Fohlens: ....

Abfohlung

Datum: .... Uhrzeit.................................

wurde die Geburt eingeleitet? ja / nein wurde die Geburt überwacht? ja / nein

Bemerkungen: ....

Dauer der Geburt: ....

Beginn der Vorwehen: Dauer:

Bemerkungen: ....

Beginn der Austreibungsphase: Dauer:

Bemerkungen: ....

Beginn der Nachwehen: Dauer:

Bemerkungen: ....

Komplikationen: ja / nein

Bemerkungen: ....

Abgang der Nachgeburt: (Uhrzeit)

Bemerkungen: ....

Plazenta-Abgang innerhalb von 2 – 4 Stunden? ja / nein

Fohlen mit Mekonium verschmutzt? ja / nein

Frühzeitige Ruptur der Nabelschnur? ja / nein

Atmungsstimulation notwendig? ja / nein

Wiederbelebungsmaßnahmen notwendig? ja / nein

Gewicht der Plazenta: ....kg

Fohlen

Fohlen steht (Uhrzeit): ....

Fohlen trinkt (Uhrzeit): ....

Verhalten: ....

Gewicht bei der Geburt: .... Geschlecht:

Wurde Kolostrum eingegeben? ja / nein Menge: ....ml

Art der Verabreichung: Flasche / Nasenschlundsonde

Quelle des verabreichten Kolostrums: Stute / komerziell / eingefroren

Qualität des Kolostrums: .... % (Refraktormeter) → ....IgG g/l

Harnabsatz beobachtet? ja / nein

Menge: .... Frequenz: ....

Mekoniumabsatz: ja / nein

Alter (in Stunden) beim 1. Mekoniumabsatz: ....

10.4 Protokoll der Probenaufbereitung der Plazentaproben

Alle Plazentaproben wurden im Labor des Anatomischen Instituts der Tierärztlichen Hochschule Hannover aufbereitet. Die Proben wurden entsprechend der Ausführung unter 2.3.5 vorbereitet. Das zuvor in 70 %igem Alkohol fixierte Probenmaterial des Allantochorions wurde unter dem Abzug mit Hilfe einer Mikrotomklinge *Feather Microtome Blade S35* (FEATHER Safety Razor Co., Ltd, Osaka, Japan) zugeschnitten, so dass jede Probe mit einer geraden Anschnittsfläche nach unten in eine Einbettkassette *ActivFlo Routine I Cassettes* (Leica Biosystems Nussloch GmbH, Nussloch, Deutschland) überführt wurde. Die *ActivFlo Routine I Cassettes* (Leica Biosystems Nussloch GmbH, Nussloch, Deutschland) wurden für zwei Stunden unter fließendem Leitungswasser in einem Becherglas gespült, um im Gewebe eingelagerte Fixierlösung zu entfernen. Anschließend wurden die *ActivFlo Routine I Cassettes* (Leica Biosystems Nussloch GmbH, Nussloch, Deutschland) in einen Einbettkorb in der Paraffin-Einbettstation Leica ASP300 S Fully Enclosed Tissue Processor (Leica Biosystems Nussloch GmbH, Nussloch, Deutschland) gestellt. Zur Einbettung wurde das *Routine overnight* Programm ausgewählt. Die Einbettstation Leica ASP300 S Fully Enclosed Tissue Processor (Leica Biosystems Nussloch GmbH, Nussloch, Deutschland) arbeitete nun eigenständig und absolvierte folgende Schritte der Probenaufbereitung:

- 70 %iges Ethanol, vergällt (Merck Millipore, Darmstadt, Deutschland) für 2 Stunden
- 70 %iges Ethanol, vergällt (Merck Millipore, Darmstadt, Deutschland) für 1,5 Stunden
- 80 %iges Ethanol, vergällt (Merck Millipore, Darmstadt, Deutschland) für 1,5 Stunden
- 90 %iges Ethanol, vergällt (Merck Millipore, Darmstadt, Deutschland) für 1,5 Stunden
- Isopropanol, 99,7 % (Merck Millipore, Darmstadt, Deutschland) für 1 Stunde
- reinstes Xylol I (SAV Liquid Production GmbH, Flintsbach a. Inn, Deutschland) für 1 Stunde

- reinstes Xylol II (SAV Liquid Production GmbH, Flintsbach a. Inn, Deutschland) für 1 Stunde, erwärmt auf 35° C
- reinstes Xylol III (SAV Liquid Production GmbH, Flintsbach a. Inn, Deutschland) für 1 Stunde, erwärmt auf 50° C
- Paraffin I *Surgipath Paraplast* (Leica Biosystems Nussloch GmbH, Nussloch, Deutschland) für 1 Stunde, erwärmt auf 62° C
- Paraffin II *Surgipath Paraplast* (Leica Biosystems Nussloch GmbH, Nussloch, Deutschland) für 1 Stunde, erwärmt auf 62° C
- Paraffin III *Surgipath Paraplast* (Leica Biosystems Nussloch GmbH, Nussloch, Deutschland) für 1 Stunde, erwärmt auf 62° C

Nach Beendigung des Programms ertönte ein Signal und der Korb wurde entnommen. Anschließend wurde der Korb in ein Wärmefach der Paraffin-Ausgießstation *Leica EG1150 H Heated Paraffin Embedding Module* (Leica Biosystems Nussloch GmbH, Nussloch, Deutschland) überführt. Die *ActivFlo Routine I Cassettes* (Leica Biosystems Nussloch GmbH, Nussloch, Deutschland) wurden aus dem Korb heraus genommen, der Deckel entfernt und die Probe entnommen. Die Ausgießförmchen wurden mit Paraffin *Surgipath Paraplast* (Leica Biosystems Nussloch GmbH, Nussloch, Deutschland) befüllt und die Proben mit der geraden Schnittfläche nach unten eingelegt. Das Kassettenunterteil der *ActivFlo Routine I Cassettes* (Leica Biosystems Nussloch GmbH, Nussloch, Deutschland) wurde oben aufgelegt, das Förmchen mit Paraffin *Surgipath Paraplast* (Leica Biosystems Nussloch GmbH, Nussloch, Deutschland) aufgefüllt und anschließend auf die Kühlplatte *Leica EG1150 C Cold Plate for Modular Tissue Embedding System* (Leica Biosystems Nussloch GmbH, Nussloch, Deutschland) gestellt. Nach Aushärtung des Paraffins wurde der Paraffinblock aus der Form genommen und die Ränder von überflüssigem Paraffin befreit. Vor dem Erstellen der histologischen Schnitte wurden die Proben für mindestens 60 min im Kühlschrank gelagert.

Zur Herstellung der histologischen Schnitte wurde das Paraffin-Streckbad (GFL Gesellschaft für Labortechnik GmbH, Burgwedel, Deutschland) mit vorgewärmten

Aqua destillata befüllt und auf ca. 42° C eingestellt. Die gekühlten Proben wurden für ca. 5 min auf einen Kühlakku gelegt. Die Proben wurden in das Rotationsmikrotom Leica Leitz 1512 (Leica Biosystems Nussloch GmbH, Nussloch, Deutschland) eingespannt und solange getrimmt, bis dass Probenmaterial vollständig im Schnitt erschien. Anschließend wurden 3–5 µm dicke Schnitte angefertigt, zum Strecken in das vorgewärmte Paraffin-Streckbad (GFL Gesellschaft für Labortechnik GmbH, Burgwedel, Deutschland) überführt und auf 70×26 mm Objektträger mit Mattrand (Waldemar Knittel Glasbearbeitungs GmbH, Braunschweig, Deutschland) aufgezogen. Die Objektträger wurden senkrecht in einen Objektträgerständer gestellt und über Nacht bei 60° C im Wärmeschrank (Heraueus Holding GmbH, Hanau, Deutschland) getrocknet.

Die getrockneten Paraffinschnitte wurden nach einem Protokoll aus „Romeis Mikroskopische Technik“ (Böck et al. 1989) mit Hämalaun-Eosin (HE-Färbung) gefärbt.

Zu diesem Zweck wurde Delafield‘s Hämalaun hergestellt:
Zunächst wurden 4 g Hämatoxylin, puriss (Waldeck GmbH & Co. KG, Münster, Deutschland) in 25 ml 100 %igem vergällten Ethanol (Merck Millipore, Darmstadt, Deutschland) gelöst. Anschließend wurden 400 ml einer gesättigten, wässrigen Lösung von Ammoniumalaun (Aluminiumammoniumsulfat dodecahydrat (Merck Millipore, Darmstadt, Deutschland); 40 g auf 400 ml Aqua destillata) mit der Hämatoxylin-Lösung gemischt. Die Lösung wurde zur Reifung für 3–4 Tage offen und im Licht stehen gelassen, bevor sie filtriert wurde. Im Anschluss wurden dem Filtrat 100 ml 5 %iges Glycerin (Merck Millipore, Darmstadt, Deutschland) und 100 ml reinstes Methanol (SAV Liquid Production GmbH, Flintsbach a. Inn, Deutschland) zugesetzt. Die so entstandene Vorratslösung wurde nach einigen Tagen erneut filtriert, bevor die Schnitte gefärbt wurden.

Die HE-Färbung der Paraffinschnitte erfolgte in den folgenden Schritten:

- zweimal 20 min reinstes Xylol (SAV Liquid Production GmbH, Flintsbach a. Inn, Deutschland)
- 2 min Isopropanol (99,7 %) (Merck Millipore, Darmstadt, Deutschland)
- 2 min Ethanol, vergällt (100 %) (Merck Millipore, Darmstadt, Deutschland)
- 2 min Ethanol, vergällt (verdünnt zu 80 %) (Merck Millipore, Darmstadt, Deutschland)
- 2 min Ethanol, vergällt (verdünnt zu 70 %) (Merck Millipore, Darmstadt, Deutschland)
- 2 min Aqua destillata
- 4–8 min Hämalaun nach Delafield (s.o.)
- spülen mit 0,1 %igem HCl (Salzsäure) (Grüssing GmbH, Filsum, Deutschland)
- 15 min spülen unter fließendem Leitungswasser
- 5 min spülen mit 0,1-igem Eosin G (gelblich) (Merck Millipore, Darmstadt, Deutschland) (Zugabe von 3–4 Tropfen Eisessig)
- zweimal spülen in Aqua destillata
- zweimal spülen in Ethanol, vergällt (verdünnt zu 70 %) (Merck Millipore, Darmstadt, Deutschland)
- zweimal spülen in Ethanol, vergällt (verdünnt zu 80 %) (Merck Millipore, Darmstadt, Deutschland)
- 2 min Ethanol, vergällt (100 %) (Merck Millipore, Darmstadt, Deutschland)
- 2 min Isopropanol (99,7 %)
- zweimal 5 min reinstes Xylol (SAV Liquid Production GmbH, Flintsbach a. Inn, Deutschland)
- Eindecken mit dem Eindeckmedium Eukitt (Kindler GmbH, Freiburg, Deutschland)

10.5 Ergebnisse in Ergänzung zu Manuskript I

Tabelle 12 Leberenzyme der Stuten und Fohlen, Messwerte oberhalb des Referenzbereiches sind fett gedruckt, nicht erhobene Messwerte sind als Strich markiert.

Stute (X.0) / Fohlen (X.1)	GLDH (< 145 U/l)			GGT (< 140 U/l)			AST (< 800 U/l)		
	Geburt	3 Monate	6 Monate	Geburt	3 Monate	6 Monate	Geburt	3 Monate	6 Monate
1.0	4	6	4	11	28	13	223	290	212
1.1	6	25	3	33	42	13	134	305	286
3.0	8	20	3	29	52	48	301	600	404
3.1	8	15	12	25	25	22	133	332	342
4.0	3	3	3	12	28	19	197	352	218
4.1	6	4	4	24	17	15	156	267	302
5.0	28	3	2	9	34	13	267	353	341
5.1	12	7	3	31	33	16	201	245	297
6.0	4	2	2	10	20	17	232	278	245
6.1	16	25	5	38	60	26	228	482	318
7.0	3	5	1	11	22	14	354	389	245
7.1	6	10	5	17	15	20	236	223	323
8.0	51	4	6	16	16	32	277	282	385
8.1	6	18	8	30	24	20	149	311	325
9.0	2	2	2	6	15	16	228	253	283
9.1	5	5	5	6	18	16	147	309	333
10.0	12	6	3	27	13	16	255	257	240
10.1	6	10	3	23	20	21	147	254	279
11.0	31	2	2	53	18	18	495	305	317
11.1	8	5	10	49	30	20	157	248	364
12.0	16	92	3	18	58	21	399	584	344
12.1	8	70	12	26	85	24	184	350	331
13.0	9	3	4	14	19	18	134	313	276
13.1	7	14	4	22	25	19	146	300	300
14.0	10	3	3	19	16	29	120	311	326
14.1	4	12	5	25	24	20	74	313	360
15.0	2	/	2	9	/	14	214	/	238
15.1	9	/	/	31	/	/	143	/	/
16.0	6	49	2	12	109	30	268	**816**	308
16.1	5	**254**	2	20	30	16	130	394	295
17.0	2	8	2	13	20	20	238	341	362
17.1	6	2	3	18	13	23	134	292	320
18.0	47	9	3	30	33	22	361	329	362
18.1	4	91	1	21	41	19	134	401	309
19.0	29	11	6	25	40	38	367	456	468
19.1	8	28	3	28	31	20	160	362	329
20.0	2	17	1	15	30	26	202	345	393
20.1	5	6	2	22	24	15	138	306	270
21.0	10	3	3	16	15	19	275	256	296
21.1	59	4	4	33	14	18	416	280	312

Transfer maternaler Antikörper nach Kolostrumaufnahme:

Vom Haustierarzt wurden die postnatal Blutproben von jedem Fohlen entnommen zur routinemäßigen Durchführung eines SNAP® Fohlen IgG-Tests (IDEXX GmbH, Ludwigsburg, Deutschland). Alle Fohlen der Studie hatten ca. 14 Stunden nach der Geburt, also nach Kolostrumaufnahme, einen IgG-Gehalt von mindestens 800 mg/dl im Blut.

DANKSAGUNG

Bedanken möchte ich zunächst bei Herrn Prof. Feige für die Betreuung bei dieser Arbeit; insbesondere für die Ruhe und kühlen Entscheidungen im richtigen Moment.

Auch bei Jessika-M. V. Cavalleri möchte ich mich für die Unterstützung und das Vertrauen bei der Durchführung dieser Arbeit bedanken.

Mein besonderer Dank gilt Eike Steinmann des Twincore Instituts für Experimentelle Virologie, der die Realisierung dieser Arbeit erst ermöglichte und mich in vielen Situationen mit Rat und Tat unterstützt hat. Ich möchte mich bei der gesamten Arbeitsgruppe im Labor bedanken für die herzliche Atmosphäre während meiner Laborzeit. Natürlich wäre diese Arbeit ohne Stephanie Pfänder und insbesondere ohne die tolle Einarbeitung, aufmunternden Worte und tatkräftige Unterstützung von Stephanie Walter nicht möglich gewesen, ich danke euch beiden.

Des Weiteren möchte ich mich bei der Stiftung Gestüt Fährhof und seinen Mitarbeitern, insbesondere Stefan Ullrich für die Unterstützung während der Probenentnahmen bedanken.

Mein Dank gilt auch Anja Seemann-Jensen und Christiane Richter der Pferdeklinik der Tierärztlichen Hochschule bei der Hilfe im Labor. Ebenso möchte ich mich bei den Mitarbeitern des Labors im Anatomischen Institut Marion Gähle und Doris Walter für die Hilfe mit den Plazentaproben bedanken und bei dem Labor der kleinen Klauentierklinik für die freundliche Leihgabe der Zentrifuge.

Bedanken möchte ich mich auch bei Herrn Prof. Sieme für die Erklärungen und die Hilfe bei den Probenentnahmen.

Meine besondere Dankbarkeit gilt meinen Hasenzimmer-Kollegen Claudia, Stefan und Tobi; ohne euch war diese Doktorarbeit nicht möglich. Vielen Dank für die aufmunternden Worte, die Hilfe bei kleinen und großen Problemen und die tolle Zeit mit euch.

Ich danke von Herzen meiner Familie für die liebevolle Unterstützung während meines ganzen Studiums und der Doktorarbeit. Ich bin jeden Tag glücklich und dankbar, dass ich euch habe.

Schließlich möchte ich mich bei meinem Freund David für seine Unterstützung, sein Verständnis und seine Liebe bedanken. Ich bin sehr glücklich, dass diese Arbeit uns zusammengeführt hat.